U0332481

芦笛曲丛书

Pied Piper

《芦笛曲丛书》项目组

组　长　李　普

副组长　范春萍

成　员　（按姓氏汉语拼音排序，将不断有新成员加入）

陈润生*	董光璧	樊潞平	高　山	郭光灿*
郭艳玲	胡俊平	黄永明	霍裕平*	姬十三
解思深*	匡廷云*	李喜先	李永葳	刘　茜
刘育新	刘　夙	罗　勇	欧阳钟灿*	欧阳自远*
邱成利	史　军	唐孝威*	唐云江	武夷山
杨志坚	叶　青	尹传红	张家铝*	钟　掘*

主　持　范春萍　　唐云江

注：标"★"者为中国科学院或中国工程院院士

基因的故事 （第2版）

解读生命的密码

陈润生
刘 夙 著

THE SAGA OF GENES
HOW TO CRACK
THE CODE OF LIFE

北京理工大学出版社
BEIJING INSTITUTE OF TECHNOLOGY PRESS

图书在版编目 (CIP) 数据

基因的故事：解读生命的密码／陈润生，刘夙著. —2 版. —北京：北京理工大学出版社，2018.1

（芦笛曲丛书）

ISBN 978-7-5682-4955-3

Ⅰ. ①基…　Ⅱ. ①陈…②刘…　Ⅲ. ①基因—普及读物

Ⅳ. ① Q343.1-49

中国版本图书馆 CIP 数据核字 (2017) 第 271008 号

出版发行／北京理工大学出版社有限责任公司

社　　址／北京市海淀区中关村南大街 5 号

邮　　编／100081

电　　话／（010）68914775（总编室）

　　　　　（010）82562903（教材售后服务热线）

　　　　　（010）68948351（其他图书服务热线）

网　　址／http://www.bitpress.com.cn

经　　销／全国各地新华书店

印　　刷／北京地大彩印有限公司

开　　本／787 毫米 × 1092 毫米　1/16

印　　张／11.75

字　　数／168 千字

版　　次／2018 年 1 月第 2 版　　2018 年 1 月第 1 次印刷

定　　价／48.00 元

责任编辑／张慧峰

　　　　　徐春英

文稿编辑／张慧峰

责任校对／周瑞红

责任印制／王美丽

历久弥新，日新又新，惊赞敬畏
（代再版序言）

范春萍

"希尔伯特这个吹笛人所吹出的甜美芦笛声，吸引着无数老鼠跟着他投入了数学的深河。"希尔伯特（David Hilbert）的学生加传记作者外尔（Hermann Weyl）这轻轻一语，讲出了人类文明及科学进程中无比传神的故事，美妙诱人。"笛声"和"深河"的魅力百年萦绕，历久弥新。

我被这个带着情境和既视感的摄魂故事捕获，成为希尔伯特的一只另类老鼠，去鼓动科学家们吹笛子，或引进科学的迷人摄魂曲，然后助力传播。

这是我做科普图书出版的心路历程和内在动力，经我手出版的许多原创或引进版科普书，都若隐若现着"希尔伯特"们的悠扬笛声。

《芦笛曲丛书》是我于 2006 年在"科技部科技计划科普化示范项目"支持下开始策划组织、2007 年正式启动的前沿科技科普丛书出版项目。当时策划了 10 本，我做策划编辑兼责任编辑，邀《科学世界》主编唐云江做丛书主持。

2008 年底，我因工作调动离开出版社，项目进度受到影响。除 2009 年出版的《基因的故事：解读生命的密码》和《爱因斯坦的幽灵：量子纠缠之谜》、2010 年的《再造一个地球：人类移民火星之路》之外，其余 7 本由于未达到我对芦笛摄魂度的预期而未能按期出版。之后，有的书稿返修，有的换选项、换作者，又由于作者们、主持人以及我自己新工作的忙碌而拖延下来。

毫不夸张地说，第一批出版的 3 本书无论从创意、内容还是行文质量都完全可以与国际上最好的科普书媲美。但是，出版之初 3 本书的命运却并不相同。大概与大众传媒世纪之交对"21 世纪是基因科技的世纪"的渲染，以及我国新世纪航天工程的巨大成就有关，《基因的故事》《再造一个地球》两书一出版即获得广泛赞誉和各种奖项，进入各种发行推广目录、反复重印，而在专业圈子得到甚高评价的《爱因斯坦的幽灵：量子纠缠之谜》，却因公众离量子力学过远、基本没听说过"量子纠缠"而受到冷遇。

2007—2017 年，是科学蓄力、技术爆发、科技指标翻天覆地般指数蹿升的 10 年。10 年间，与《基因的故事》相关的基因技术狂飙突进，基因治疗、基因编辑、基因工程等都取得巨大进展也遭遇巨大争议、引发更大关注。与《再造一个地球》相关的航天工程奇迹连连：欧洲航天局（ESA）的"罗塞塔号"（Rosetta）飞船 2004 年起经 10 年飞行，于 2014 年把"菲莱"（Philae）探测器送达"丘留莫夫－格拉西缅科"（Churyumov-Gerasimenko）彗星表面；美国航天局（NASA）的"新视野号"（New Horizons）2006 年起飞经 9 年多飞行于 2015 年飞掠冥王星后飞向柯依伯带，2011 年起飞的"朱诺号"（Juno）经近 5 年飞行于 2016 年进入木星轨道，1997 年起飞的"旅行者 1 号"（Voyager 1）经 40 余年漫漫长旅飞离太阳系磁场边界，1997 年起飞的"卡西尼号"（Cassini）经 6 年多飞行于 2004 年抵达土星轨道、进行了 13 年多的探测工作后于北京时间 2017 年 9 月 15 日燃料将尽时、在科学家控制下坠入土星大气焚毁而演绎"壮丽终章"（Grande Finale）；多国争相探测月球，争相探测火星。更加可喜也令人震惊的是量子技术的突破，量子通信卫星、量子计算机等的成功，把"量子纠缠"这个连科学家都解释不清的"幽灵现象"推到了公众面前。

2017 年，得到"北京市科普社会征集项目"的支持，《芦笛曲丛书》得以修订再版。这套书做的是前沿科普，首版时反映的就是直至出版之前的前沿发展状况。10 年中各个领域都发生了很大变化，修订给了丛书继续跟上前沿的机会。这真是可喜可贺的大好事。

科学大神卡尔·萨根有言："宇宙现在是这样，过去是这样，将来也永远是这样。只要一想起宇宙，我们就难以平静——我们心情激动，感叹不已，如同回忆起许久以前的一次悬崖失足那样令人晕眩战栗。"其实，自然和科学的各个领域无不如此。

大哲学家康德说过："有两样东西，越是经常而持久地对它们进行反复思考，它们就越是使心灵充满常新而日益增长的惊赞和敬畏：头上的星空和心中的道德律。"只要留心阅读好书，美妙的自然、神奇的科学、精致的心灵，无不引发我们"日益增长的惊赞和敬畏"。

《基因的故事》《再造一个地球》《爱因斯坦的幽灵》3 本书的再版开了个好头，以此为契机，我们将再度启动《芦笛曲丛书》，继续推出更多好书以飨读者。新启动的《芦笛曲丛书》由我和唐云江共同主持，张慧峰担任策划编辑。

2018 年 1 月

总　序

今天，我们按动手机号码，可以和世界上任何地方的人通话；我们敲击电脑键盘，可以足不出户而知天下；我们开车行驶在大漠荒山，可以用GPS导航……科学已经无处不在，它改变着我们的生活，也改变着我们的思想和行为。

作为人类认识自然、与自然对话的一种方式，科学令人好奇和神往……

当早期的人类直面这个丰富多彩的世界的时候，世界混沌一片、浑然一体，一代一代的先辈，用观察、计数、分类、测量、计算、思辨、实验、解析、模拟……数不清的办法探索世界的奥秘，这也就是在各个时代有不同内容和不同表现形式的科学。

起源于生产实践，以技能技巧、经验积累为原初形态的技术，在当代社会与科学融为一体。

如今，科学技术作为人类社会实践的重要领域之一，成为复杂的巨系统工程，成为衡量一国综合国力的重要指标，成为推动社会进步的一种无与伦比的力量。科学需要全社会的理解、关注和参与，需要以公众科学素质的提高作为保障。

然而，科学也常使我们茫然和困惑：它带来的不都是福音，也有灾难和恐惧；同时，前沿科技发展越来越快，精深而艰涩，越来越远离我们的直觉和经验。加之科学的领域越来越宽，分类越来越细，甚至相同学科不同方向的科学家之间都很难明了对方的工作了。

巨大的鸿沟横亘于科学和人文之间，横亘于科学界与公众之间。

本丛书是国家科技部"科技计划科普化示范项目"，并入评"'十一五'国家重点图书出版规划项目"。丛书旨在向公众普及前沿科学技术知识，使每年巨额投入的各类科技计划成果在提高国家科技水平和科技能力的同时，也能以科普的形式，让自主创新的成果进一步惠及广大公众，对提高公众的科学素质、促进公众理解科学、吸引公众关注以至投身科技事业有益。另外，通过示范项目，引导形成科学家关心公众科学素质、承担社会科普责任、热心参与科普事业的氛围，在科学家、工程师中发现和培养科普作家，探索科学家、科普作家、出版机构三结合的科普创作新模式。

然而，科技的前沿在哪里？一日千里、艰深难懂的前沿科技何以科普？

前沿，像是科技疆域的地平线，你站得越高，地平线越绵长，线外的未知领域也越广阔。科技的脚步在前行，科技的疆域在拓展，前沿的领域在扩张……

如何从科学的腹地出发，沿着崎岖的小路，理清前沿的发展线索，抓住最重要的前沿领域，成为对丛书成败的第一个考验。

前沿科普与成熟知识科普的最大不同在于前沿是发展的，是每日每时都可能有变化的。前沿科普的作者一定要是一线科研工作者或能够理解一线工作和科研进展的人。于是动员一线科学家参与丛书的写作成为对丛书成败的第二个考验。

这是一项行动，一项一线科学家参与科普，参与前沿科普的开风气之先的示范性行动。

我们是幸运的，读者是幸运的。首批丛书有10位院士承诺参与，并积极投入到丛书特别是各自承担的分册的策划和著述中。

考虑到身处科研一线的院士们工作繁忙，我们为每一位院士挑选了一位科普助手，由两个人共同完成一本书的写作。两位作者思路、见解的融合，工作方式以及叙事、论理风格的互相接纳是对丛书成败的又一个考验。

更加幸运的是，试验取得了初步成功。丛书的前三本已经出版了，接下来还将有新书陆续出版。

这套丛书设定为一套开放的书系，将不断有新书加入。在此，诚邀广大一线科研工作者加盟著述（可以是一线科研人员个人独立著述，也可以是一位一线科研人员与一位科普作者合作著述），使丛书所覆盖的前沿领域越来越宽广，为读者提供更多的精神食粮。

正如数学家外尔所言："希尔伯特这个吹笛人所吹出的甜美的芦笛声，吸引着无数老鼠跟着他投入了数学的深河。"我们也希望这套丛书能像一支支芦笛曲，催生出读者对科学的向往和追随……

目录

GENES

　　我们要感谢20世纪30年代一位至今还不能确定具体是谁的中国生物学家，是他第一个把英文的 gene 翻译成了"基因"这样一个音意皆妙的术语。从此，这些埋藏在我们肉体、影响着我们心灵的微小精灵，便以这样一个有人着迷、有人敬畏的响亮名字大大方方地活跃在我们眼前，成为我们生活中的一部分。

　　以基因为研究核心的分子生物学是离我们日常最近的基础学科之一。生活在21世纪的我们要想比先人们过得更健康、更幸福，了解一些和基因有关的知识是必不可少的。幸运的是，即便到了今天，生物学也仍然是最容易为公众所理解的基础科学。包括弗朗西斯·克里克、理查德·道金斯在内的前辈科学家一系列惊人的成功，使我们满怀信心地写了这本小书，打算讲述和基因这个创造于1909年、迄今已经一百多岁的概念有关的许多故事。这些故事五光十色、精彩纷呈，可以告诉大家分子生物学家们为了追求科学真理、改善人类生活都做过什么，现在还在做着什么。

近几十年来，人们对基因的认识之深、之广，已远非100年前可以相比。很多曾经被我们视为常识的东西，在今天都遭到新研究的质疑，甚至被彻底推翻。癌症是怎么引起的？智力会遗传吗？地球上最古老的生命是什么？人类从哪里起源？这些问题在今天的回答，已经和三四十年前大不相同了。正是有了这些崭新的认识，像生物工程、医学、农学这样的应用科技，才能在近年和可预计的将来同样发生翻天覆地的变化。

你是想等这些翻天覆地的变化——比如根据基因计算保险金，用自己身上的细胞造出器官自体移植，在超市买到带有胡萝卜和大豆基因的大米——突如其来降临身边时悚然惊立，还是想在它们到来之前就了解其背后的奥妙，然后笑待奇迹如期而至，或干脆亲身参与这壮阔的伟业？如果你的选择是后者，那么希望这本小书可以助你一臂之力！

第一章

孟氏豌豆摩氏蝇　遗传研究称先行

孟德尔和豌豆

　　1859 年 11 月 24 日，英国伟大的生物学家查尔斯·达尔文（Charles R. Darwin）在伦敦出版了《物种起源》，这是一部系统地论述进化论和自然选择的巨著，第一版 1250 册，出版当天就被抢购一空。后世公认，这部书是一座光辉的里程碑，它的问世标志着现代生物学的诞生；但在当时，很多人却觉得它是一声可怕的炸雷，整个欧洲都为之震惊和不安。达尔文一下子成了西方社会万众瞩目的焦点，世人的非议，潮水般向他涌来。

　　这个时候，在奥匈帝国布隆（Brünn，今捷克共和国布尔诺）的一座天主教修道院里，一位默默无闻的修道士格里高尔·孟德尔（Gregor J. Mendel）已经将他的豌豆实验做到

图 1.1　达尔文像

摄于 1859—1860 年间，达尔文时年 50 岁。

了第四个年头。孟德尔的实验看起来很简单：每年4、5月份，是草长莺飞的时节，也是豌豆的花期，在花蕾还未开放之时，用袋子把一些花包起来，这样它们就和别的花隔离开来，雌蕊的柱头只能接受同一朵花的雄性生殖细胞（包含在花粉之中），进行自花授精——这在遗传学上叫"自交"；再小心地把另一些花里的雄蕊去掉，等它们开放的时候，用其他植株的花粉来为它们授精——这在遗传学上叫"杂交"。如果每次都要对成百上千的植株重复这两项简单的操作，那就成了一项枯燥、机械的工作。令人钦佩的是，任劳任怨的孟德尔，一干就是8年。

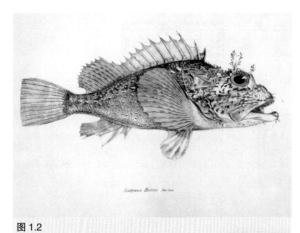

图1.2

达尔文在"贝格尔"号航行中的画作之一，在《"贝格尔"号航行的动物学》中发表。这是一种南美洲的鱼。引自《科学的历程》（吴国盛著，北京大学出版社，2002年）

图1.3

达尔文在加拉帕戈斯岛上观察的四种雀类，它们的喙适合不同的觅食技术，它们的相似性使达尔文相信它们一定来自一个相同的祖先。引自《彩图世界科技史》（彼得·惠特菲尔德著，科学普及出版社，2006年）

1865年，孟德尔总结了他的豌豆实验结果，在当地的一次学术会议上作了报告；第二年，由这篇报告改写而成的论文正式发表。孟德尔在论文中展示了他发现的有趣结果：豌豆种子有些是黄色、有些是绿色，这两种颜色是一对"势不两立"的性状。纯种的黄色豌豆，一代代自交下去，所得的种子都是黄色；纯种的绿色豌豆，自交所得的种子则都是绿色。但如果把这两种豌豆杂交，所得的子一代种子全是黄色的，绿色性状似乎消失了；而如果再把这些杂交种子种下去，并让每一株自交，所得的子二代种子里面却又出现了绿色的，且数目正好是子二代中黄色种子的1/3。

无独有偶，豌豆种子的饱满形态（圆粒）和皱缩形态（皱粒），也是这样一对"势不两立"的性状。纯种圆粒和纯种皱粒杂交，子一代都是圆粒；子一代再自交，子二代里便又出现了皱粒的，它的数目也正好是子二代中圆粒种子的 1/3。

孟德尔猜测，在豌豆体内一定存在一些未知的因子，决定着它的各种性状，而且一对性状是由一对因子决定的。在开花的时候，这对因子发生分离，雄蕊的花粉和雌蕊的胚珠（种子的前身）各只含有一个因子；授精之后，花粉的因子和胚珠的因子又结合在一起，这样，下一代就有了一对因子，一个来自父本，一个来自母本。

就拿种子颜色来说吧。纯种黄色豌豆含有一对黄色因子，纯种绿色豌豆含有一对绿色因子。当它们杂交时，一个黄色因子和一个绿色因子结合，但是黄色因子总是"压制"绿色因子，所以

孟德尔生平

孟德尔于 1822 年 7 月 20 日出生于奥匈帝国海因岑多夫（Heinzendorf，今捷克共和国欣奇策 Hyncice）。他从小就对自然科学表现出浓厚的兴趣，但由于家境贫穷，在上完中学之后无力进大学深造，只好听从他人的建议，在布尔诺修道院当了一名修道士以糊口。但是孟德尔对科学的爱好始终不减，曾经两次试图考取科学教师资格证书，却因为种种原因都以失败告终。1868 年，孟德尔被选为布尔诺修道院院长，从此把精力逐渐用于行政事务，因而放弃了科学研究。1874 年，奥匈帝国政府新颁了一项专门针对修道院的严苛税法，孟德尔对此表示强烈抗议，也因此使自己在修道院陷于孤

图 1.4 孟德尔像

立。1884 年 1 月 6 日孟德尔逝世，继任的修道院院长烧毁了他的全部遗稿，给科学史研究造成了无法弥补的巨大损失。

子一代都是黄色。在遗传学上，就说黄色是"显性"，绿色是"隐性"。这些杂种子一代在产生花粉和胚珠时，黄色因子和绿色因子发生了分离，花粉和胚珠各有一半携带一个黄色因子，另一半携带一个绿色因子。于是，在授精之后，就形成了3种情况：两个黄色因子配对，一个黄色因子和一个绿色因子配对，两个绿色因子配对，其比例是1∶2∶1。前两种情况的子二代种子都是黄色，后一种则是绿色，所以子二代里黄色种子和绿色种子的比例是3∶1。这个规律，后来被叫做孟德尔第一定律（又叫基因的分离定律）。

为了验证这一假说，孟德尔设计了好几种测试实验，其中最重要的一种是这样的：把纯种的黄色圆粒植株和绿色皱粒植株杂交，因为黄色对绿色来说是显性，圆粒对皱粒来说也是显性，所

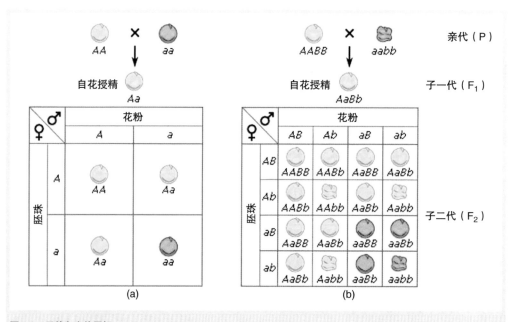

图 1.5　孟德尔定律图解

(a) 如果用 A 表示豌豆种子为黄色，a 表示豌豆种子为绿色，那么纯种黄色豌豆的"基因型"就是 AA，纯种绿色豌豆的基因型则是 aa。它们杂交所得的"子一代"的基因型都是 Aa，因为 A 对 a 是显性，所以子一代种子全都是黄色。因为基因的分离，子一代自交产生的"子二代"里面出现了 AA、Aa 和 aa 3种基因型，比例为 1∶2∶1。*(b)* 如果用 B 表示豌豆种子饱满，b 表示豌豆种子皱缩，那么纯种黄色圆粒豌豆的基因型就是 AABB，纯种绿色皱粒豌豆的基因型则是 aabb。它们杂交所得的子一代的基因型都是 AaBb，因为 B 对 b 也是显性，所以子一代种子全都是黄色圆粒。子一代自交产生的子二代里面则出现了 9 种不同的基因型，说明 A/a 和 B/b 这两对性状是独立遗传、自由组合的。

以子一代种子应该都是黄色圆粒。如果决定种子颜色和种子饱满与否的两对因子彼此互不影响、自由组合的话，那么子二代应该出现 16 种概率相同的搭配，让种子表现出 4 种性状组合：黄色圆粒、黄色皱粒、绿色圆粒和绿色皱粒，它们的比例应该是 9：3：3：1。令人激动的是，实验结果和这一预测符合得相当好。这个规律，后来被叫做孟德尔第二定律（又叫基因的自由组合定律）。

孟德尔的遗传因子假说，对于传统的遗传观念无疑是个革新。在人们的印象中，遗传似乎是混合式的。不是吗？白色和紫红色的紫茉莉杂交，得到的是粉红色的花；黑人和白人生子，孩子的皮肤是棕色的。但是孟德尔的假说却明白地告诉世人，遗传绝不是混合式的，而是"颗粒式"的。那种看上去的混合式遗传，不过是"颗粒式"遗传的一种宏观表现形式罢了！

遗憾的是，如此天才的假说，却未能得到同时代生物学家的重视。据说孟德尔曾经把他的论文寄给达尔文，可是达尔文却连一页都没有看过。这对达尔文来说，也是一大憾事，因为达尔文一直找不到一种理想的遗传学说，能够完美地解释他的自然选择理论。在主张混合式遗传的学者提出质疑的时候，为了招架他们，虽然达尔文也想出了"颗粒式"的"泛生子"假说，却因为没有实验数据的支撑，远不如孟德尔的假说更准确。

假如达尔文当时认真地看过了孟德尔的论文，现代生物学一定会有更快的发展。可惜，两位科学伟人就这样不经意地擦肩而

肤色基因

皮肤的颜色是由一种叫黑色素的复杂化学物质决定的。皮肤细胞中的黑色素含量越高，肤色就越深，反之就越浅（第八章提到的白化病人因为身体完全不能合成黑色素，所以肤色最浅）。决定黑色素合成的基因主要有 6 个，这 6 个基因不同形式的组合，最终决定了黑色素的总量，从而决定了肤色的深浅，但是每一个基因的遗传仍然是遵循孟德尔定律的。

过，令人叹息。

摩尔根和果蝇

据孟德尔的朋友回忆，他在生前曾自信满满地说过，"我的时代会到来！"然而，他的成就却沉寂了34年之久，直到1900年，才由两位不同国籍的科学家各自独立地重新发现。1909年，丹麦遗传学家威尔海姆·约翰森（Wilhelm Johannsen）第一次用"gene"（基因）称呼孟德尔假定的那种遗传因子。这个简洁明快的词很快就进入了普通人的生活。

20世纪初也是物理、化学研究取得重大突破的时代，原本被认为不可分的原子，这时也被发现其实还有复杂的内部结构。只有建立比原子"低一级"的模型，才能解释一些奇怪的物理现象。遵循相同的"降级"思路，生物学家也设想，那捉摸不定的基因，一定以某种具体的物质形式存在于生物体内，如果能找到这种物质，就一定可以从比细胞"更低一级"的分子角度，全面破解复杂的遗传现象！

这种物质，其实早就被科学家发现了。1878年，德国细胞学家瓦尔特·弗莱明（Walther Flemming）发表了他对

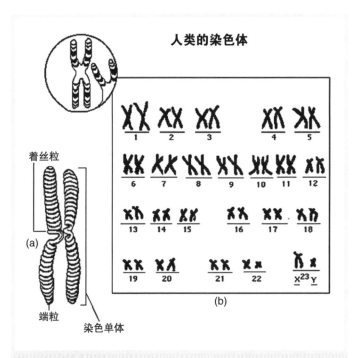

图1.6　人类的染色体

(a) 染色质在细胞分裂前先进行复制，进入分裂期之后便紧密缠绕、浓缩成棒状的"染色单体"。在分裂前期和中期，一对染色单体通过着丝粒联合成X形的染色体。染色单体在着丝粒两端的部分叫做"臂"，因此每一条染色单体都有两条臂。在分裂后期，这对染色单体彼此分开，分别进入两个子细胞。染色单体顶端有一段叫做"端粒"的结构，其功能见第九章。(b) 人类的23对染色体，编号基本按照大小顺序。最后一对是性染色体，XX为女性，XY为男性。（引自弗吉尼亚理工大学网站vt.edu）

动物细胞分裂的观察报告，他发现细胞核内有一种能够被碱性染料染成红色的物质，在细胞分裂时会均等地分成两份，分别移向两个子细胞。他把这种物质叫做"染色质"——后来人们把细胞分裂时的染色质特别称为"染色体"。

1883 年，比利时胚胎学家爱杜瓦·凡·贝内登（Edouard J. M. van Beneden）发现，马蛔虫的原始生殖细胞有两对染色体，但在它分裂形成精子或卵时，每对染色体中的两条染色体却"分了家"，每个精子和卵细胞各分得每对中的一条——后来人们就把这种细胞分裂叫做"减数分裂"，因为分裂后的子细胞里的染色体数目减少了，只有分裂前的一半。精子和卵形成之后，通过受精，分家的染色体才重新"团圆"，再次两两配对，能配对的两条染色体，就叫做同源染色体，一条来自父本，一条来自母本。后来，又不断有人报道，在其他各种生物体内，也都存在同样的现象。

染色体的这个特点，和基因是多么相似啊！无怪在孟德尔的研究被重新发现后不久，德国的泰奥

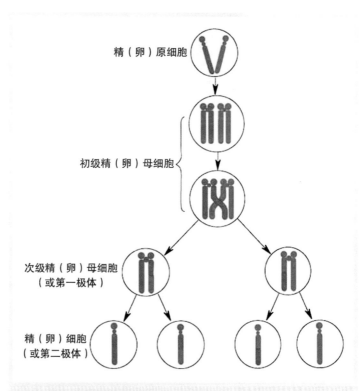

图 1.7　减数分裂和染色体片段交换

　　原始生殖细胞可分为精原细胞和卵原细胞。它们的染色质在复制之后，发育成为初级精母细胞和初级卵母细胞。初级精母细胞进行第一次减数分裂，同源染色体在交换相应的片段之后分别进入两个等大的子细胞，即次级精母细胞；初级卵母细胞的第一次减数分裂过程相同，只是两个子细胞大小不同，大的是次级卵母细胞，小的叫做第一极体。次级精母细胞再进行第二次减数分裂，两条染色单体分开，分别进入两个等大的子细胞，即精细胞，精细胞最后发育成为精子；次级卵母细胞的第二次减数分裂过程相同，同样只是两个子细胞大小不同，大的是卵细胞，小的叫做第二极体，卵细胞最后发育成为卵。总括来说，一个精原细胞最终发育成 4 个精子，一个卵原细胞最终却只能发育成 1 个卵（第一极体和第二极体后来均退化消失）。［引自《全日制普通高级中学教科书（必修）·生物·（第一册）》，人民教育出版社，2003］

图 1.8　摩尔根像

（引自加州理工学院网站 caltech.edu）

多·鲍维里（Theodor H. Boveri）和美国的沃尔特·萨顿（Walter S. Sutton）等人就在 1901—1902 年间几乎同时提出了基因位于染色体之上的假说，这个假说因此也称为"鲍维里—萨顿假说"。

不过，科学猜想总是需要实验验证的，第一个证实了这个假说的人，是美国遗传学家托马斯·摩尔根（Thomas H. Morgan）。

摩尔根使用的实验材料是果蝇。果蝇的繁殖速度很快，每 12 天就能繁殖一代，拿它当实验对象，比起一年只能种一次的豌豆来，当然方便多了。1910 年，摩尔根发现了一只变异的雄性果蝇，它的眼睛是白色，而不是正常的红色。摩尔根用这只雄性果蝇和红眼的雌性果蝇杂交，第一代的果蝇不论雌雄都是红眼（只有极个别例外）。显然，这又是一个符合孟德尔定律的性状，

果　蝇

果蝇其实是一大类昆虫的总称，和家蝇（俗名苍蝇）同属于双翅目（这一目的其他常见昆虫还有各种蚊子和牛虻，因为只有一对翅膀，另一对翅膀退化成为平衡棒而得名）。全世界已经发现的果蝇有上千种之多，它们的个体都很小，身长只有几毫米，常以腐烂的水果为食，所以得名"果蝇"。遗传学实验用的果蝇叫做"黑腹果蝇"（学名为 *Drosophila melanogaster*，简作 *D.melanogaster*。有关学名的介绍见第五章），只是这上千种果蝇中的一种。

红眼对白眼是显性。但是，当摩尔根把子一代的雌性果蝇再和红眼的雄性果蝇杂交时，新情况出现了。子二代中红眼和白眼果蝇数目之比虽然像预期的那样是 3：1，但白眼全部都是雄性！

在此之前，人们已经发现，雄雌果蝇的染色体是有差别的，在雄果蝇的 4 对染色体中，有一对大小不一，但雌果蝇就没有这个现象。如果把雄果蝇那对大小不一的染色体中长的一条叫做 Y 染色体，短的一条叫做 X 染色体，那么雌果蝇只有两条 X 染色体，没有 Y 染色体。人们很自然地猜测，果蝇的性别就是由 XY 染色体决定的，所以把它们叫做性染色体——在这里要插一句，人的性别也是由 XY 染色体决定的，只不过，和果蝇相反，人的 Y 染色体要比 X 染色体短得多。

摩尔根假设，红眼和白眼基因都位于 X 染色体上。这样一来，第一代的雌性果蝇就有一条带白眼基因的 X 染色体和一条带红眼基因的 X 染色体。它与红眼雄性果蝇杂交的后代的性染色体有 4 种组合：两条红眼 X 染色体，这是红眼雌性；一条白眼 X 染色体一条红眼 X 染色体，这也是红眼雌性；一条红眼 X 染色体一条 Y 染色体，这是红眼雄性；一条白眼 X 染色体一条 Y 染色体，这就是白眼雄性了。

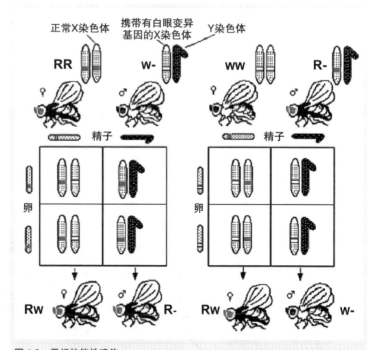

图 1.9 果蝇的伴性遗传

如果用 R 表示果蝇 X 染色体上的红眼基因，w 表示果蝇 X 染色体上的白眼基因，– 表示果蝇 Y 染色体上缺乏这两个基因的等位基因，那么纯种红眼雌性的基因型是 RR，白眼雄性的基因型是 w–。二者杂交所得的子一代雌性都是 Rw，雄性都是 R–，所以全都是红眼果蝇。摩尔根所做的一个测试实验是这样的：如果用白眼雌性（ww）和红眼雄性（R–）杂交，子一代雌性的基因型都是 Rw，显示为红眼，雄性的基因型都是 w–，显示为白眼。
（引自美国国家健康博物馆 accessexcellence.org 网站）

像孟德尔一样，摩尔根也做了好几个测试实验，检验这一假说，结果全都和预测相符。他的得意弟子凯尔文·布里奇斯（Calvin B. Bridges），更是连第一代果蝇中那极个别的例外都解释得清清楚楚。这样，摩尔根就成功地把一个基因和一个具体的染色体关联了起来。其实，最开始摩尔根是不相信基因位于染色体之上的，还曾经嘲笑孟德尔的学说是"高级杂耍"，但是在确凿的事实面前，他很快就改变了自己的观点。能够放弃自己的成见接受新理论，摩尔根可算得上是个榜样了。

以后，摩尔根和他的学生又用果蝇做了许多精彩的实验，让鲍维里和萨顿提出的"基因的染色体假说"越发坚不可摧了。摩尔根发现，果蝇有些基因彼此之间并不是互不影响的，那些在亲代中伴随在一起的基因，在子代中也倾向于"连锁"在一起，只有少数发生了重新组合。通过细心的统计，摩尔根发现，果蝇的全部基因可以分成4个"连锁群"，每个群内的那些基因，彼此之间通常或多或少都有连锁现象，两个群之间的基因则从不连锁，而是完全地自由组合。这4个"连锁群"，正好与果蝇的4条染色体相对应。这就是基因的连锁和交换定律，它和孟德尔第一、第二定律合称遗传学三大定律。

根据这条定律，摩尔根认定，基因在染色体上应该排列成一条直线，那些彼此"势不两立"、有显隐性关系的基因总是占据相同的位置，所以它们彼此互称为"等位基因"。摩尔根的另一位得意弟子阿尔弗

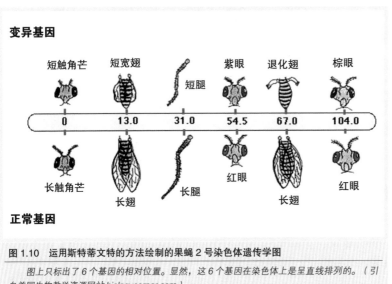

图1.10　运用斯特蒂文特的方法绘制的果蝇2号染色体遗传学图

图上只标出了6个基因的相对位置。显然，这6个基因在染色体上是呈直线排列的。（引自美国生物教学资源网站 biologycorner.com）

雷德·斯特蒂文特（Alfred H. Sturtevant），后来就是根据这个假说发明了遗传学图，一看遗传学图，什么基因在哪条染色体的什么位置上，便一目了然了。

在 1931 年的时候，美国两位女遗传学家巴巴拉·麦克林托克（Barbara McClintock）和哈丽叶·克莱顿（Harriet B. Creighton）又报告说，她们在研究玉米时发现，在精子和卵的形成过程中，同源染色体在分离前，有一个时期总是纠缠在一起，有时候会交换对应位置上的染色体片段，这样就给连锁基因之间偶然的重组行为也找到了物质基础。

1926 年，摩尔根出版了《基因论》，这是一部可以和达尔文《物种起源》相媲美的巨著。1933 年，摩尔根因此获得了诺贝尔生

诺贝尔奖

诺贝尔奖是根据瑞典化学家、商人阿尔弗雷德·诺贝尔（Alfred B. Nobel）的遗嘱创立的一项旨在表彰自然科学研究者、文学创作者和世界和平推动者的著名奖项，从 1901 年开始，每年颁发一次。诺贝尔奖分为 5 项，即物理学奖、化学奖、生理学或医学奖、文学奖和和平奖，每一项都包括一枚金币奖章、一份证书和一笔来自诺贝尔遗产利息的奖金。1968 年瑞典中央银行又提供资金，开始表彰做出重要贡献的经济学研究者，习惯上称为"诺贝尔经济学奖"。诺贝尔奖现在已被视为是相关领域最隆重的奖项。

图 1.11 1950 年颁发的一枚诺贝尔奖章

（引自维基百科网站）

诺贝尔奖有两个著名的颁奖原则：1. 只颁给在世的人；2. 同一奖项最多只能颁给 3 个人。由于这两个规则的限制，以及评奖委员会的主观性，从诺贝尔奖的第一次颁发开始，有关它的公正性便不断引发议论，成为科学史、文学史等领域重要的讨论话题。另外，由于科学的发展，诺贝尔奖当初的 3 个有关自然科学的奖项划分已经不尽符合现在的科学分科情况，所以同样是获奖分子生物学家，虽然多数人获颁生理学或医学奖，但也有少数人获得的是化学奖。

理学或医学奖。

基因本质初探

在遗传学领域不断取得重要进展的时候，生物化学领域也展现了骄人的成绩。

几千年前人们就懂得酿酒，但直到19世纪，法国著名微生物学家路易·巴斯德（Louis Pasteur）才让人类第一次知道，如果没有一种叫酵母的真菌的帮助，酒是无论如何也酿不出来的。到了1897年，德国生物化学家爱德华·布赫纳（Eduard Buchner）进一步发现，糖发酵成酒精的反应其实是由酵母细胞中的一种特殊组分催化的。只要有这种组分，即使没有酵母细胞的存在，糖也可以发酵成酒精。布赫纳因此获得了1907年的诺贝尔化学奖。此后，科学家们又在各种生物体内发现了许多可以催化某种化学反应的物质，并把它们统称为"酶"。

1926年，美国生物化学家詹姆斯·萨姆纳（James B. Sumner）成功地从刀豆中得到了脲酶的晶体，这种酶可以催化尿素（简称为脲）分解成氨气和二氧化碳。萨姆纳分析了它的成分，发现它原来是一种蛋白质。因为这个发现，萨姆纳分享了1946年的诺贝尔化学奖。

也正是在这一年，摩尔根三大得意弟子的最后一位——美国遗传学家赫尔曼·穆勒（Hermann J. Muller）隆重出场了（虽然他当时已经和摩尔根闹僵）。穆勒报道说，用X射线照射果蝇的精子，可以导致果蝇的基因发生突变。这个发现使穆勒一下子享誉全球。遗传和突变，本来就是生物繁衍进化中相辅相成

酵 母

酵母是单细胞真菌，已知有1 000多种，绝大多数属于真菌中的"子囊菌"类。生物学实验上用的酵母叫做"啤酒酵母"，是其中的一种，学名为 *Saccharomyces cerevisiae*，简作 *S. cerevisiae*。

的两个方面。此前人们只是知道突变现象存在，现在则进一步知道，原来突变往往是由外界条件诱发的！但是穆勒这个发现的更重要意义在于，它让科学家找到了一种快速制造突变生物个体的办法，而不必苦苦等待自然界的恩赐，这就大大加快了遗传学研究的速度。穆勒因此荣获了 1946 年的诺贝尔生理学或医学奖。

有了 X 射线这个有力的工具，原本各自为政、不太搭界的遗传学和生物化学领域，开始擦出耀眼的火花。1937 年，美国遗传学家乔治·比德尔（George W. Beadle）和爱德华·塔特姆（Edward L. Tatum）开始研究一种叫粗糙链孢霉的真菌的突变。在一般人眼里，这种真菌是讨厌的家伙，它们可以让外表本来挺漂亮的面包和蛋糕长出丑陋的红色霉点，所以它的俗名又叫红色面包霉。但在这两位科学家眼里，它却是个宝贝，是比果蝇更合适的遗传学研究对象，因为它不光繁殖迅速，而且它的突变可以用生物化学方法迅速确定。

比德尔和塔特姆发现，在基本培养基上，正常的链孢霉可以生长，但是一些基因发生突变的链孢霉却无法生长。原来，正常的链孢霉可以利用基本培养基中的营养物质合成一些生命所需的其他物质，如氨基酸、维生素等，但携带有突变基因的链孢霉却不能合成某一种必需的营养物质；只有在基本培养基中添加了这种营养物质之后，它才能活下来。

靠着生物化学方面的知识，这两位科学家在解释上述实验现象的时候，又提出了一个新颖的假说。他们推测，携带着突变基因的链孢霉，因为体内缺乏催化合成某一种营养物

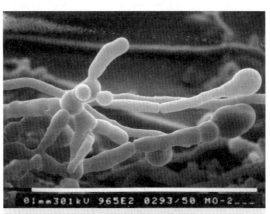

图 1.12　电子显微镜拍摄的粗糙链孢霉菌丝

（引自美国真菌遗传谱系中心网站 fgsc.net）

质的酶，所以不能自行合成这种营养物质；也就是说，正常的基因应该能指导这种酶的合成，突变的基因则丧失了这种指导能力。由此推而广之，每一个基因应该都能指导一种酶的合成。

这就是著名的"一种基因一种酶"假说。这个假说把遗传学和生物化学联系起来，使人们对基因的认识又获得了一次飞跃。比德尔和塔特姆因此和另一位美国科学家分享了1958年的诺贝尔生理学或医学奖。后来的进一步研究发现，基因并不只是指导酶的合成，其实所有蛋白质的合成都是基因指导的。于是，"一种基因一种酶"，就被扩充成了"一种基因一种蛋白质"。

这样，在分子生物学诞生之前，人们印象中的基因是这样的：首先，它是一个个的染色体片段，在染色体上呈直线式排列，彼此并不重复，摩尔根把它形象地比喻成"线上的一串珠子"；其次，一个基因指导一种酶的合成，因此基因是生物体功能的单元；第三，同源染色体可以交换等位基因，因此基因又是交换的单元；最后，如果基因发生突变，它就会变成另一个等位基因，因此基因还是突变的单元。总而言之，这时候的科学家认定，基因是功能、交换、突变单元的统一。

蛋白质或核酸：哪个是遗传物质

科学家们当然不满足于"基因位于染色体上"这个简单的结论，他们很自然地进一步问道："基因究竟是由染色体里的什么物质决定的呢？"

当时，生物化学家们已经发现，染色体主要含有两类物质：一类是蛋白质，一类叫核酸。显然，基因要么是由蛋白质决定的，要么是由核酸决定的。

蛋白质和核酸都是很大的分子，前者主要是由20种基本氨基酸组成的，这些氨基酸一个连一个，构成了叫做"肽链"的长条结构，整个蛋白质分子就是由一条或几条肽链盘绕、组装而成的。核酸的基本成分则有3种：一是磷酸，二是核糖或脱氧核糖，三是含氮原子的碱基。含有核糖的核酸叫做RNA（这是英语"核糖核酸"的缩写），含有脱氧核糖的核酸则叫做 DNA（这是英语"脱氧核糖核酸"的缩写）。RNA 主要有 4 种碱基，分别用 4 个字母 G、C、A、U 代表；DNA 也有 4 种碱基，其中 3 种和 RNA 一样，是 G、C 和 A，第四种却不是 U，人们另用 T 来代表它。染色体中的核酸几乎都是 DNA，只有很少量的 RNA。

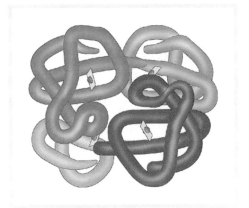

图 1.13 血红蛋白的分子模型

血红蛋白是红细胞中负责运送氧气和二氧化碳分子的蛋白质。它由 4 条肽链盘绕组装而成，每条肽链还各结合一个扁平的血红素分子（在图中用平板表示）。血红素分子的中心是一个铁原子（在图中用平板中的球表示），可以和氧气或二氧化碳分子结合。［引自《全日制普通高级中学教科书（必修）·生物·（第一册）》，人民教育出版社，2003］

第一个分析出 DNA 上述成分的人是美籍俄裔生物化学家菲波斯·列文（Phoebus A. T. Levene）。但是列文错误地认为，DNA 不过是一种很简单的聚合物，它的基本成分不过是个环状的小分子，其中含有 C、G、

碱基的命名

在 DNA 和 RNA 中大量存在的 5 种碱基可以分为嘌呤碱和嘧啶碱两种类型。G 和 A 属于嘌呤碱，这两个字母分别是英文 guanine 和 adenine 的缩写。这两个词的词根意思分别是"鸟粪"和"腺体"，所以 G 和 A 的中文名分别被译为"鸟嘌呤"和"腺嘌呤"。C、U 和 T 属于嘧啶碱，这三个字母分别是英文 cytosine, uracil 和 thymine 的缩写。这三个词的词根意思分别是"细胞""尿"和"胸腺"，所以 C、U 和 T 的中文名分别被译为"胞嘧啶""尿嘧啶"和"胸腺嘧啶"。

除了上述 5 种碱基，在 DNA 和 RNA 中还存在许多稀有碱基，比如下一章要提到的 tRNA 就以富含稀有碱基著称。

A、T各一个，整个DNA分子不过是由这种环状的砖块砌成的毫无生气的围墙，所以其中4种碱基的总量是相等的。

列文的错误影响了很多人，他们都认为只有蛋白质才有可能是遗传物质，成分和结构都这么简单的DNA肯定够不上遗传物质的资格。——不是吗？蛋白质在生物体内真可谓是个多面手：它可以催化生化反应（这是各种酶），可以构建细胞和生物体的骨架，可以让动物获得运动的能力（这是肌肉蛋白质的功能），可以充当某些物质（如氧气）的搬运工，可以像卫兵一样保护生物体免受外来入侵物质的侵犯（这是抗体的功能，什么是抗体，第三章会详细介绍）……它已经这么"多才多艺"了，再多担负一项承载遗传信息的职责，看来也并不过分吧！

直到1944年，这个错误的认知才被纠正过来。这一年，美

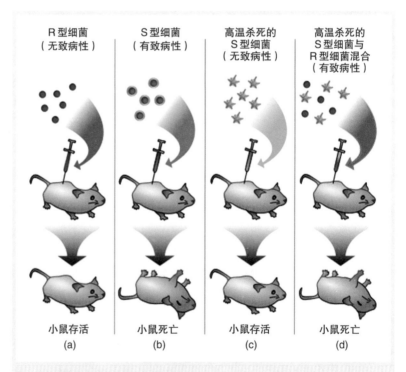

图 1.14　格里菲思的肺炎链球菌转化实验

(a) 将R型细菌注入小鼠体内，小鼠健康生存；(b) 将S型细菌注入小鼠体内，小鼠患病死亡；(c) 用加热的方式杀死S型细菌，再注入小鼠体内，小鼠健康生存；(d) 将被杀死的S型细菌与R型细菌混合之后注入小鼠体内，小鼠患病死亡。（引自维基百科网站）

国细菌学家奥斯瓦尔德·艾弗里（Oswald T. Avery）和两位同事报告说，肺炎链球菌的遗传物质是 DNA。原来，肺炎链球菌有两种类型，一种在培养基上可以长成外表光滑的菌落，所以叫做 S 型（S 是英文 smooth "光滑" 的缩写）；另一种则长成外表粗糙的菌落，叫做 R 型（R 是英文 rough "粗糙" 的缩写）。S 型肺炎链球菌可以引起实验用的小鼠患病死亡，R 型则没有致病能力。

在艾弗里之前，英国医生弗雷德里克·格里菲思（Frederick Griffith）在 1928 年已经发现，如果把已经杀死的 S 型细菌和活的 R 型细菌混合注入小鼠体内，小鼠同样会患病死亡，在死亡小鼠中可以找到活的 S 型细菌。但是格里菲思并没有弄清楚是什么物质导致了细菌的转化。艾弗里则把杀死的 S 型细菌分离成蛋白质和 DNA 两部分，把蛋白质与 R 型细菌混合注射，并不会导致小鼠死亡，在小鼠体内也检测不到 S 型细菌；只有把 DNA 和 R 型细菌混合注射，才会在小鼠体内产生 S 型细菌，让小鼠一命呜呼。这就证明了那种导致无害的 R 型细菌转化成致命的 S 型细菌的物质，并不是蛋白质，而是 DNA。

1950 年，美籍奥地利裔生物化学家厄尔文·查加夫（Erwin Chargaff）也报告说，DNA 的 4 种碱基总量并不相等，其中虽然 A 和 T 的总量是相等的，G 和 C 的总量是相等的，但 A+T 与

小鼠和大鼠

小鼠是小家鼠的简称，学名为 *Mus musculus*，由于和人类同属哺乳类，因此在医学上常常被用作实验动物。很多新药在研制出来后，都要先在小鼠身上做动物实验，确定没有严重的副作用之后，才能继续用于临床实验。野生的小鼠有各种毛色，但实验用的小鼠往往是白色，这些小白鼠是小鼠的白化个体。

另一种常用于生物学实验的大鼠，是褐家鼠的别称，学名为 *Rattus norvegicus*，因体形比小鼠大而得名。实验用的大鼠往往也是白化个体。

G+C 的总量却不相等，而且在不同的物种里也不一样。可见，DNA 的构造绝对不简单，完全有资格担当遗传物质的重任！

艾弗里的发现，是遗传学乃至整个生物学将要再次获得重大发展的先声。然而，由于当时学界主流不理解，艾弗里一直到去世，都未能获得诺贝尔奖。这与其说是艾弗里的遗憾，还不如说是诺贝尔奖的遗憾。

双股螺旋惊天地　三联密码黯群星

双螺旋和遗传密码

到了 1952 年，连学界主流也不得不承认，DNA才是遗传物质。可是，化学成分似乎并不复杂的 DNA分子，要采取什么样的结构，才能把全部的遗传信息都记录下来呢？

当时有好几个实验室都在研究 DNA 的分子结构，其中，英国的莫里斯·威尔金斯（Maurice H. F. Wilkins）和罗莎琳·富兰克林（Rosalind E. Franklin）负责的实验室几乎要拔得头筹了——他们第一个拿到了 DNA 分子清晰的 X 射线照片，而如果没有 X 射线照片作为证据，再好的模型都只能是假说。可是，威尔金斯和富兰克林却一直不合，威尔金斯只希望富兰克林当一名出色的助手，富兰克林则觉得威尔金斯是在歧视女性。

他们的争执，给了年轻气盛的美国学生詹姆斯·

图 2.1　富兰克林像

（引自大英百科全书网站 britannica. com）

图 2.2　沃森（左）、克里克和他们设计的 DNA 模型

（引自美国加州大学圣巴巴拉分校网站 ucsb.edu）

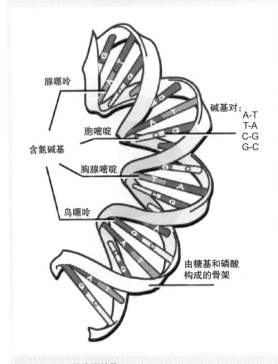

腺嘌呤

胞嘧啶

含氮碱基

胸腺嘧啶

鸟嘌呤

碱基对：
A-T
T-A
C-G
G-C

由糖基和磷酸
构成的骨架

图 2.3　DNA 的分子结构

沃森（James D. Watson）和英国学生弗朗西斯·克里克（Francis H. C. Crick）可乘之机。沃森和克里克虽然没有威尔金斯和富兰克林那么优越的实验条件，但是却有活跃的思维。他们综合多方面的证据，首先提出了 DNA 分子的双螺旋模型。1953 年 1 月，对富兰克林一直不满的威尔金斯，私自把她拍摄的 DNA 分子 X 射线照片泄露给了沃森。了解到照片反映的信息后，两位年轻人欣喜若狂，因为他们的模型已经"万事俱备"，就只欠 X 射线信息这场"东风"了。1953 年 4 月 25 日，对生物学来说，是又一个重要的日子。在这天出版的国际著名学术期刊《自然》上，沃森和克里克正式公布了 DNA 的双螺旋模型。这一天因此成了分子生物学的诞生日。

　　根据双螺旋模型，DNA 是由两条长长的链，以"右手螺旋"方向，像拧麻花一样拧成的长条形或环形大分子。这两条长长的链是由许许多多的"脱氧核糖核苷酸"一个一个连接而成的，每个脱氧核糖核苷酸都是由一分子磷酸、一分子脱氧核糖和一分子碱基形成的。两条链的碱基彼此配对（或者叫"互补"），A 只和 T 配对，G 只和 C 配对，这就是为什么 DNA 的 A 和 T 总量始终相等、G 和 C 的总量也总相等的原因。虽然后来人们也发现了 DNA 的左手螺旋，甚至三股螺旋的构造，而且即使是右手螺旋的 DNA，也还有其他的类型，但是沃森和克里克最初提出的模型，仍然是 DNA 分子最常见的形态。

当然，天然存在的 DNA 分子不会是一根笔直的长条或巨大的圆环，而是曲曲折折，"压缩"得很紧密。不仅如此，在多数情况下，DNA 分子也不是孤零零地存在着的，而是和多种多样的蛋白质结合在一起。

双螺旋模型提出之后，在 10 年前还不为人所重视的 DNA，一下子成了顶尖生物学家青睐的"明星分子"。重大发现一个接着一个。

沃森和克里克很快又指出，DNA 很可能以"半保留"的方式进行复制，也就是说，在复制的时候，DNA 双链解开，两条链作为"模板"，根据碱基配对规则，各自补上一条新合成的

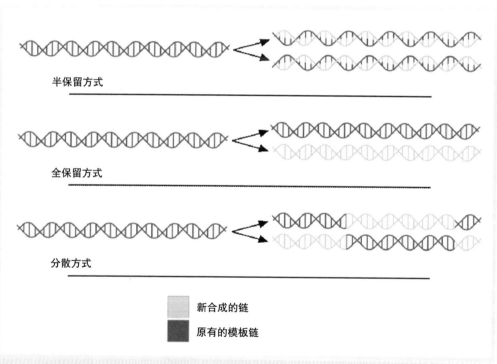

图 2.4　三种假想的 DNA 复制方式

新链，这样一来，两个新的 DNA 分子就各保留了一条来自母本 DNA 分子的老链。1958 年，美国的马修·梅塞尔逊（Matthew S. Meselson）和富兰克林·斯塔尔（Franklin W. Stahl）用同位素方法完全证明了这个假说。

既然 DNA 才是基因的载体，而上一章已经说过，蛋白质是由基因指导合成的，那么蛋白质一定是由 DNA 指导合成的。这个指导过程是怎样的呢？ 1958 年，克里克在一篇论文中指出，

同位素方法如何证明 DNA 的半保留复制

原子物理学的一大发现，就是知道了每一种元素其实都是由好几种不同的原子组成的，这些原子相对于彼此而被称为"同位素"，同一种原子的不同的同位素的原子核中质子数相同，但中子数不同。比如氮元素有两种稳定的同位素 ^{14}N 和 ^{15}N（这两个符号中的 14 和 15 表明这两种同位素的核子数——质子和中子的总数——分别是 14 和 15），它们的化学性质相同，但原子质量不同，^{15}N 因为比 ^{14}N 多一个中子，所以其质量比后者大一些。

DNA 的复制可以有 3 种方式。除了上文中提到的半保留方式外，全保留方式是指在 DNA 复制后原 DNA 分子保持不变，另一个 DNA 分子的两条链都是新合成的；分散方式则是指在 DNA 复制后，两个新的 DNA 分子各保留原 DNA 分子中的一半片段。

梅塞尔逊和斯塔尔的实验方法是这样的：他们首先把一种叫做大肠杆菌的细菌放在只含有 ^{15}N 的培养基上培养，等到大肠杆菌体内几乎只含有 ^{15}N 之后，再转移到只含有 ^{14}N 的培养基上培养。把转移后的大肠杆菌第一次分裂之后的子代细胞 DNA 提取出来，可以发现它们的质量全都介于只含 ^{15}N 的 DNA 和只含 ^{14}N 的 DNA 之间，说明这些 DNA 中的氮原子一定有一半是 ^{15}N，另一半是 ^{14}N。全保留复制不能解释这个现象（因为如果 DNA 按全保留方式复制，一次分裂后的子代细胞 DNA 应该有两种质量），所以被排除。

接着，再把那些经过了两次分裂的子代细胞 DNA 提取出来，可以发现其中有一半的质量和只含 ^{14}N 的 DNA 一样，另一半的质量介于它们和含一半 ^{15}N 的 DNA 之间，说明前者不含 ^{15}N，后者的氮原子中只有 1/4 是 ^{15}N。分散式复制不能解释这个现象（因为如果 DNA 按分散方法复制，两次分裂后的子代细胞 DNA 应该仍然只有一种质量），所以也被排除。这样就证明了 DNA 是按半保留方式复制的。

遗传信息是储存在 DNA 的碱基序列里的，这个序列决定了蛋白质肽链的氨基酸序列，进一步决定了蛋白质的立体结构，最终也就决定了蛋白质的功能——这就是"序列假说"。当然，对于 DNA 上具体某一个基因来说，只有一条链储存着真正的遗传信息，另一条链只不过和它互补罢了，就像印章上的图案，只是真正图案的镜像一样。

但是克里克认为，DNA 不太可能直接作为蛋白质合成的模板。以有细胞核的生物为例，它必须先"转录"成携带着遗传信息的 RNA，从细胞核内移动到核外的细胞质中，然后还得再由一种"转换器"把碱基序列"翻译"成氨基酸序列——这就是"转换器假说"。克里克的话音刚落，这种"转换器"在当年就被找到了，原来它是一种小分子 RNA，被命名为"转运 RNA"（简称 tRNA，t 是英文 transfer "转运"的缩写）。到 1961 年，那种把遗传信息从核内递送到核外的 RNA 分子的存在也被证实了，被命名为"信使 RNA"（简称 mRNA，m 是英文 messenger "信使"的缩写）。

现在我们知道，蛋白质的合成是在核糖体上进行的。核糖体是分散在细胞质中的许多小颗粒，

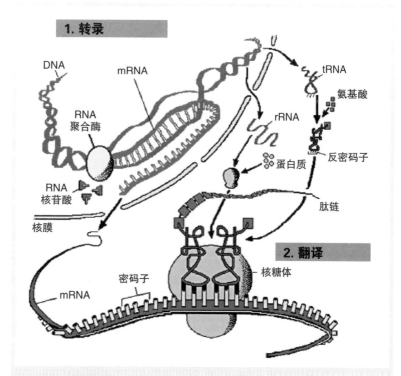

图 2.5　蛋白质的合成

图中的 RNA 聚合酶的功能是催化 RNA 核苷酸聚合成 RNA 的反应，因此是 RNA 合成所必需的。（引自美国米拉玛学院网站 sdmiamar.edu）

图 2.6　伽莫夫在摆弄一个 DNA 模型

引自《科学的历程》（吴国盛著，北京大学出版社，2002年）

本身是由蛋白质和RNA构成的。核糖体RNA的分子大小和结构和前面提到的tRNA、mRNA都不一样，另称rRNA（r是英文ribosomal"核糖体的"的缩写）。mRNA合成出来之后，它的一头会与核糖体结合，然后核糖体便沿着mRNA从头一直"读"到尾，边读边把tRNA携带的氨基酸拼在一起，于是蛋白质就这样制造出来了。

　　紧接着的问题就是：遗传密码是什么样的？先前，兴趣广泛的美国物理学家乔治·伽莫夫（George Gamow）猜测，应该是3个碱基合起来作为一个"密码子"编码一个氨基酸，因为构成蛋白质的基本氨基酸共有20种，两个碱基的各种排列却只有 $4 \times 4 = 16$ 种，不够用；3个碱基的各种排列则有 $4 \times 4 \times 4 = 64$ 种，这就绰绰有余了。1961年，也就是mRNA被发现的同一年，克里克等人通过实验确证了这一点。

　　同样是在这年，美国的马歇尔·尼伦伯格（Marshall W. Nirenberg）等人破译出了第一个密码子。他们的办法是这样的：首先把大肠杆菌碾碎，除去细胞碎片，剩下的清液里就含有核糖体和各种tRNA、氨基酸、酶等蛋白质合成所必需的物质。再把全由U构成的人造RNA加到这种清液里，过了一段时间之后，溶液中居然出现了全由苯丙氨酸构成的肽链，这样就知道了密码子UUU代表苯丙氨酸！

　　接下来，尼伦伯格和另一位叫哈尔戈宾德·霍拉纳（Har Gobind Khorana）的美籍印度裔科学家，率领各自的研究小组再

大肠杆菌

大肠杆菌是大肠埃氏希菌（学名 *Escherichia coli*，简称 *E. coli*）的通称。它可以在人体肠道内构成菌落，阻止有害细菌的繁衍，并可为人体制造维生素 K_2，因此是健康的肠道生态环境不可缺少的组分。但是，有一些变异的类型也会引发严重腹泻。

由于大肠杆菌对人无害，因此它是细菌研究的常用对象，并且是现在应用最多的基因工程细菌（详见第六章）。

接再厉，用了 5 年时间，把大肠杆菌的 64 个遗传密码子逐一破译。他们发现，在这 64 个密码子中，有 60 个是只编码氨基酸的，有 3 个是指示终止蛋白质合成的，还有 1 个既指示开始合成，又可编码一种叫甲硫氨酸的氨基酸，具有双重功能。令人兴奋的是，大肠杆菌的遗传密码，对几乎所有其他已知的生物也都是适用的。人类现在终于开始读懂遗传密码这本"天书"了！

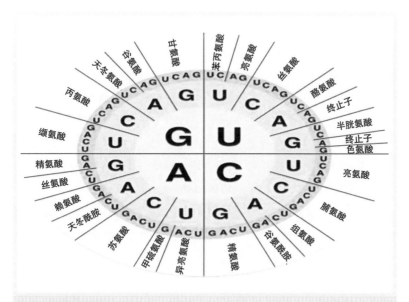

图 2.7 遗传密码图示

图中心的 4 个字母代表第一位碱基，周围一轮字母代表第二位碱基，再向外一轮字母代表第三位碱基，最外一轮代表由这三位碱基构成的密码子决定的氨基酸种类。其中的 AUG 既代表甲硫氨酸又代表起始密码子。

为了表彰这些卓越的成就，1962 年的诺贝尔生理学或医学奖颁给了沃森、克里克和威尔金斯——可惜的是，在 DNA 模型发现过程中功劳卓著的富兰克林已经于 1958 年英年早逝，否则，也许获奖的就是她而不是威尔金斯了。1968 年的诺贝尔生理学或医学奖则颁给了尼伦伯格和霍拉纳，以及另一位叫罗伯特·霍利（Robert W. Holley）的美国科学家——他的事迹后面会提到。

挑战中心法则

在发现 DNA 双螺旋结构的两位大科学家里，克里克对分子生物学的发展无疑贡献更大。在 1958 年发表的那篇经典论文中，克里克不但构想了上面提到的序列假说和转换器假说，还提出了著名的"中心法则"——遗传信息只能从核酸传递给核酸，或者从核酸传递给蛋白质，而不能从蛋白质传递给蛋白质，或者从蛋白质传递回核酸。也就是说，核酸是遗传信息的中心。

后来，沃森进一步解释说，遗传信息的传递只有 3 种情况：一是从 DNA 到 DNA，这是 DNA 的半保留复制；二是从 DNA 到 RNA，这包括各种 RNA 的转录；三是从 RNA 到蛋白质，这是 mRNA 的翻译过程。除此之外，其他的途径都不存在。打个不太恰当的比方，假如我们把细胞比作一个帝国，DNA 就是皇帝，mRNA 就是传达皇帝旨意的使臣，tRNA 是把皇帝文绉绉的旨意中的词汇编成词典，用通俗的语言解释出来的学者，蛋白质则是在 tRNA 所编词典的帮助下，根据皇帝旨意培养出来的各种干杂活的官吏，而核糖体，就是培养官吏的学校了。

沃森对中心法则所做的这个最早的具体描述，很快就暴露出了局限性。美国科学家索尔·斯皮格尔曼（Sol Spiegelman）发现，有一些病毒只含有 RNA，不含有 DNA。它们是怎么自我复制的呢？斯皮格尔曼做了两种设想：一是由 RNA"逆转录"为 DNA，再由 DNA 转录成更多的 RNA；二是由 RNA 直接复制自身。1963 年，斯皮格尔曼终于发现了一种酶，可以特异性地只以病毒 RNA 为模板，直接复制出新 RNA——当然，第一次复制出的 RNA 上的遗传密码全是反的，必须再复制第二次，才能得到原来 RNA 真正的复制品。这样，中心法则就必须扩展一下，加上第四种情况：有的病毒的遗传信息是从 RNA 直接到 RNA。这些以 RNA 为遗传信息载体的病毒因此被称为 RNA 病毒；那些以 DNA 为遗传物质的病毒则称为 DNA 病毒。

到 1970 年，生物化学界有了更惊人的发现。美国的霍华德·特明（Howard M. Temin）和戴维·巴尔的摩（David L. Baltimore）报道说，有些 RNA 病毒果真含有一种特殊的酶，可以把 RNA 逆转录成 DNA！更要命的是，这些来自病毒的 DNA 还会混到寄主细胞本身的 DNA 里，结果造成寄主细胞病变，发展下去的结果就是产生肿瘤。这个发现不仅揭示了肿瘤的一个重要成因——有时候是病毒在作怪，而且使中心法则不得不再次扩展，加上第五条路线：有的 RNA 病毒的遗传信息可以反过来从 RNA 到 DNA。因为逆转录过程的发现，特明、巴尔的摩和另一位美籍意大利裔科学家雷纳托·杜尔贝科（Renato Dulbecco）——他是研究肿瘤和病毒之间关系的先驱之一——分享了 1975 年的诺贝尔生理学或医学奖。

1982 年，另一个更加轰动的发现，震撼了整个生物学界。美国的斯坦利·普鲁西纳

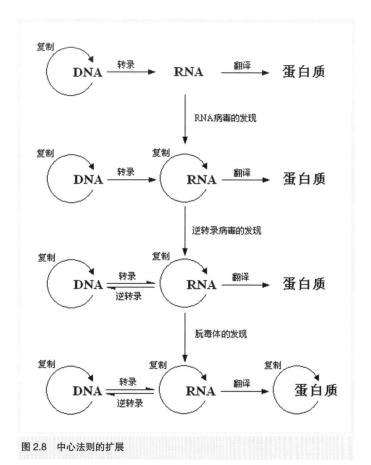

图 2.8　中心法则的扩展

（Stanley B. Prusiner）在对一种叫做"羊瘙痒症"的牲畜疾病作了仔细的研究后，大胆地提出，这种病的病原体只含有一种怪异的蛋白质，而不含核酸。它是通过把羊体内正常的蛋白质"同化"成自己那种怪异的形态来实现"繁殖"过程的。他把这种怪异的蛋白质叫做 prion，中文翻译为"朊毒体"（也常译为"朊病毒"），并认定这种蛋白质也是人类致命的"克—雅氏症"的罪魁祸首。普鲁西纳的发现一公布，就引发了激烈的争论，但是在确凿的证据面前，人们最终承认他的看法是对的。普鲁西纳因此获得了 1997 年的诺贝尔生理学或医学奖。

这样，中心法则就要做出第三次扩展了：如果我们把朊毒体蛋白质那种奇怪的构型也看成是一种遗传信息，那么遗传信息也可以直接由蛋白质到蛋白质（尽管最新研究表明这一过程中很可能需要一类特殊 RNA 分子的参与）。

到了这个时候，中心法则勉强还能支撑得住，因为遗传信息毕竟还不能从蛋白质到核酸，核酸仍然是遗传信息的"中心"；换句话说，皇帝、使臣和学者，仍然是细胞帝国的核心。假如将来有一天，人们发现遗传信息从蛋白质到核酸的传递过程也存在——也就是说，本来受皇帝教导的官吏可以反过来教训皇帝，那么中心法则就真的要被废弃，成为历史名词了。

新的遗传信息传递途径的发现，仅仅是中心法则所面临的挑

叶绿体和线粒体的功能和起源

植物和某些单细胞生物利用叶绿体进行光合作用，通过吸收光能，用二氧化碳和水来合成有机物。所有的真核生物都利用线粒体来分解有机物，获得生命活动所需的能量。叶绿体和线粒体也含有 DNA，这使一些大胆的科学家猜测，它们起先是自由生活的单细胞生物，后来被比它们大得多的另一个细胞"吞并"之后，侥幸没有被吃掉，而是在吞吃它们的细胞体内继续活了下来，最后便先后演化成为线粒体和叶绿体。这就是著名的"内共生假说"。如今，通过 DNA 序列的比较，人们已经知道，叶绿体起源于蓝菌，线粒体起源于一种类似阿尔法变形菌的古代细菌，而吞并它们的单细胞生物则是一种古菌。

战的一个方面。另一方面的挑战是，核酸是否包含了生物的全部遗传信息？

　　起先人们以为，对于有细胞核的生物来说，所有的 DNA 都是在核内的。但到了 1962 年和 1963 年，人们先后在细胞核外、细胞质中的"叶绿体"（动物没有）和"线粒体"这两种细胞结构内发现了 DNA，并且意识到这些 DNA 也含有遗传信息，而且它们的遗传相对来说是独立于核内 DNA 的。这就好比说，在细胞帝国里除了皇帝，还有许多藩王；皇帝住在最金碧辉煌的皇宫——细胞核里，藩王们则住在小得多的王宫——叶绿体和线粒体里面。虽然藩王们有自己的使臣和学者，很多事情不必听命于皇帝，可在核心大事上还是唯皇帝是从的。

　　这样一来，细胞核作为遗传信息唯一来源的信条便被打破了，"细胞质遗传"的概念应声而出。不过，到这时候，核酸仍然是已发现的遗传信息唯一"秘藏者"。

　　然而，朊毒体的发现，不仅动摇了核酸的这个崇高地位，而

表观遗传和性别冲突

　　按照传统的遗传学观点，人体内每一对相同的等位基因的活性应该都是一模一样的。但是后来的研究证实，有些相同的等位基因在人体内却并不都能发挥作用。比如在 11 号染色体上有一个 IGF2 基因，可以制造一种名叫"胰岛素样生长因子"的蛋白质激素，功能是刺激胎儿生长。能够制造这种激素的 IGF2 总是位于来自父亲的那条染色体上，而在来自母亲的那条染色体上，IGF2 因为 DNA 修饰而失活，始终无法"表达"。这个 DNA 修饰过程是在卵子成熟之前就完成的，所以我们说，来自母亲的那个 IGF2 的失活现象是通过表观遗传机制从母亲遗传给子女的。

　　澳大利亚遗传学家大卫·黑格（David Haig）认为，这种存在性别差异的表观遗传现象是性别冲突的体现。由于胎儿的生长需要大量消耗母亲的能量，母亲倾向于让胎儿长得小一些，所以彻底关闭了卵子中 IGF2 的表达。但是父亲为了保证自己的基因能够传播下去，倾向于让胎儿长得大一些（因为壮实的胎儿往往比瘦小的胎儿更易生存），所以要保证精子中的 IGF2 处于非失活状态。这就是为什么胎儿体内两个相同的 IGF2 基因一个表达、一个失活的原因。

且迫使人们扩大遗传信息的定义，不再只用它来指核酸的碱基序列了。在20世纪80年代，科学家发现DNA碱基上的某些氢原子可以被几种由多个原子构成的原子"团"所代替，就像给碱基戴上了帽子，人们把这种现象叫做"DNA修饰"。这就像是说，即使皇帝也不是自由自在的，而是处处受着侍从的管制。不仅如此，科学家还发现，这些修饰不仅可以影响生命活动，有时还可以遗传给下一代，这样一来，这些修饰自然也是遗传信息的一部分了。类似这样的不依赖于核酸碱基序列的种种非常规遗传，人们给它另起了个名字——表观遗传。

不过，这些表观遗传信息，最开始真的都独立于核酸遗传信息而存在吗？它们会不会最开始也是由核酸遗传信息决定的？如果这个猜测属实，那么中心法则仍然成立。但是，如果可以证明，表观遗传信息从它第一次出现起，就独立于核酸遗传信息——也就是说，那些代代相传监视皇帝的侍从，最开始其实是别人派来的——那么中心法则就会被从另一个方向攻破了。

天才科学家桑格

人们既然已经猜测，基因就是DNA或RNA上从起始密码子开始、到终止密码子结束的一个片段，下一步就是用事实来检验了。

要证明这点，首先必须能测出基因的碱基序列，再测出由这个基因翻译而成的蛋白质的氨基酸序列，比较二者是否吻合。显然，这个工作的重点和难点在于核酸和蛋白质的测序方法，令人惊叹的是，这两类大分子最初的测序方法是由同一位科学家——英国的弗雷德里克·桑格（Frederick Sanger）发明的。

桑格首先发明的是测定蛋白质序列的方法。这个方法看上去很直观：首先把长长的蛋白质链"打碎"成许多小的片段，然后测定每一个片段的氨基酸顺序，拼合起来就是整个蛋白质的序列。还是在1953年，他就用这种方法测定了牛胰岛素——一种相对较简单的蛋白质的氨基酸序列，因此获得了1958年的诺贝

弗雷德里克·桑格(Frederick Sanger):
英国人（1918—）（1958年、1980年两度获诺贝尔奖）

| 蛋白质序列测定 | DNA 序列测定 | 人类基因组计划 |

图 2.9 桑格像

引自《名家讲科普》（周立军主编，中国对外翻译出版公司，2008 年）

尔化学奖。

蛋白质的测序解决之后，下一个攻克的是 RNA 的测序。首次完成这个工作的是罗伯特·霍利，他采用的方法和桑格测定蛋白质序列的方法是一样的，都是先把大分子打碎成小片段，再把小片段的序列拼合起来，复原整个大分子的序列。虽然这个测序方法既耗时耗钱又耗精力，但是财大气粗又吃苦耐劳的霍利不以为意。1964 年，他借助这个方法得到了酵母 tRNA 的全序列，为此，他成了获得 1968 年诺贝尔生理学或医学奖的第三人。

美国大发明家爱迪生曾说过："天才就是 1% 的灵感和 99% 的汗水。"可是，光有汗水没有灵感并不是天才。看到核酸测序如此繁琐，桑格再次出马了。这位天才灵感闪现，另辟蹊径，他想到 DNA 的双链是互补的，如果以其中一条链为模板，合成一系列的互补小片段，因为这些小片段的合成很容易，它们的序列也很容易知道，把这些序列拼合起来而成的整个互补单链的序列也就很容易知道了。1975 年，桑格用这种后世称为"桑格法"的测序方式，首次成功地测定了 DNA 的序列。

说来有趣，最晚发明的 DNA 测序方法，反而后来居上，速度越来越快，成本越来越低。到现在，DNA 成了 3 种大分子中最容易测序的一种，人们也很少再去直接测 RNA 和蛋白质的序列，只须用对应的 DNA 序列推导一下就行了。1980 年，桑格再次获得诺贝尔化学奖，成为数百名诺贝尔奖获得者中仅有的 4 位两次获奖者之一（和他同时获奖的还有两位美国分子生物学家沃尔特·吉尔伯特（Walter Gilbert）和保罗·伯格（Paul N. Berg，下文会提到他们）。

利用桑格发明的方法，比利时的瓦尔特·菲尔斯（Walter Fiers）等人经过多年的工作，在 1972 年报道了一种叫 MS2 的噬菌体（即以细菌为寄主的病毒）的外壳蛋白质的氨基酸顺序；4 年之后，他们又报道了这种 RNA 病毒的 RNA 碱基顺序，两相比对，果然丝毫不差！而且菲尔斯还发现，在 MS2 的两个基因之间，有一小段 RNA 属于"非编码区"，不能翻译成任何蛋白质。看来，串在 RNA 上的这串"珠子"并不是紧挨着的。

比想象的更复杂的基因

可是，基因实在要比科学家们原来的设想复杂得多。就在菲尔斯测完 MS2"基因组"（也就是一种生物的全部基因）的第二年，1977 年，桑格小组又测完了另一种属于 DNA 病毒的噬菌体 φX174（这名字看上去很像某种螺丝或灯泡的型号）的基因组。他们惊奇地发现，这种噬菌体的基因居然是重叠的，它的基因 D 里面完整地包含了基因 E，而且基因 D 最末尾的一个碱基又恰好是基因 J 的第一个碱基。这样，原先的那种"串珠"模型就不成立了。

也是在同一年，英国的理查德·罗伯茨（Richard J. Roberts）和美国的菲利普·夏普（Philip A. Sharp）还证实，对于比较"高等"的生物来说，不仅基因和基因之间有非编码区，在基因内部也有非编码区。从这些生物的基因转录出来的 mRNA 就像是一卷刚刚拍摄出来的电影胶卷，需要经过剪辑——术语叫"剪接"——把其中一些片段去掉，再把剩下的部分重新对接之后，才能用于下一步的蛋白质翻译工作。这就好比说，皇帝发布的圣旨里有很多废话，使臣必须先把这些废话都去掉，留下圣旨的精髓，才能传达到官吏学校。这些被剪掉的部分和它们所对应的基因片段就叫做"内含子"，而那些没有被剪掉、可以用于翻译蛋白质的基因片段则叫做"外显子"。罗伯茨和夏普因为发现了这种断裂的基因，而荣获 1993 年的诺贝尔生理学或医学奖。

那么什么样的生物是有断裂基因的"高等"生物呢？生物学家发现，凡是有细胞核的所谓"真核生物"，都有断裂基因。细胞内没有细胞核、甚至没有细胞结构的所谓"原核生物"，基因都是连续的。不过，也有一小部分原核生物例外，它们没有细胞核，但基因也是断裂的。在第十章我们会了解到真核生物和原核生物这种区别的重要意义，这里先按下不表。

随着测过序的基因数目的增长，人们惊讶地发现，很多真核生物基因的内含子要远远长于外显子。不仅如此，这些生物的基因间非编码区也比原核生物长得多。这些非编码 DNA 的大量发现，不免让人们觉得，皇帝的废话也太多了点！不过，有不少原来视为无用的非编码 DNA，后来发现其实还是有用处的——此是后话，暂且不提。

有的基因甚至会在基因组里到处乱窜，而不像别的基因那样世世代代安分守己地待在染色体的同一个地方。原来有些特殊的染色体片段有在染色体的不同位点随意移动的能力，如果这种被

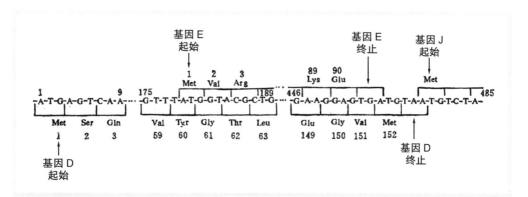

图 2.10 重叠基因

图中表示了 φX174 DNA 中基因 D 和基因 E 的开始和结尾。核苷酸顺序的编码从基因 D 的起始密码子算起。图中的 Met, Ser, Gln, Val, Tyr, Gly, Thr, Leu, Glu, Arg, Lys 分别是甲硫氨酸、丝氨酸、谷氨酰胺、缬氨酸、酪氨酸、甘氨酸、苏氨酸、亮氨酸、谷氨酸、精氨酸和赖氨酸的三字母缩写。［引自刘祖洞《遗传学·上册》（第二版），高等教育出版社，1990 年］

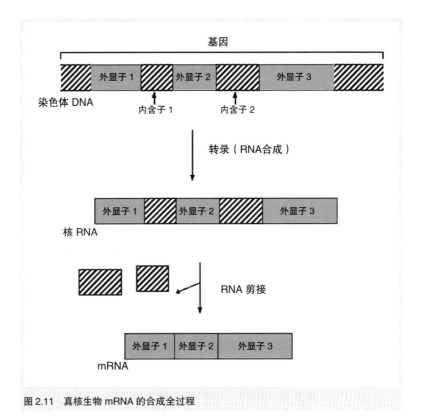

图 2.11　真核生物 mRNA 的合成全过程

叫做"转座子"的片段上有基因，那么这些基因自然也会跟着移动。这种转座现象早在 1945 年就由传奇的美国女遗传学家巴巴拉·麦克林托克（上文提到，她在 1931 年首次观察到了同源染色体的交换行为）在玉米基因组中观察到了。但在当时，这一发现实在太过超前，很多人都嘲讽麦克林托克的假说，觉得她异想天开。幸运的是，后来人们在其他许多生物体内都发现了这种乱跑的基因，大家终于意识到，麦克林托克不是在开玩笑。1983 年，已经 81 岁的麦克林托克独得了这年的诺贝尔生理学或医学奖，算是对她几十年清苦的科研生涯表达的歉意和敬意。

　　基因的串珠模型不成立了，那"一种基因一种蛋白质"还是正确的吗？在知道了越来越多蛋白质和基因的序列之后，人们发现，基因和蛋白质的关系是很复杂的。有的蛋白质并不是"铁板一块"，而是由彼此联系不那么紧密的几条肽链组成的，这几条肽链往往各由一个基因编码。还有一些蛋白质虽然彼此不同，但它们却来自同一个基因——这就好比说，皇帝本来只下了一道旨，但使臣却对它做出了不同的解释，由此教导出来的官吏也就不一样。更有一些基因，它们的功能并不是翻译蛋白质，比如下一章要提到的调控基因和操纵基因就是如此。这样，我们再不能说基因是生物体功能的单位了。

基因也不再被看作交换和突变的单位。还是在 1955 年，美国遗传学家西摩尔·本泽（Seymour Benzer）就已经通过实验证明，同源染色体的交换可以发生在基因内部。当时他把最小的交换单位称为"交换子"。等到分子生物学飞速发展之后，人们进一步认识到，原来交换是可以发生在任意两个碱基之间的，所谓"交换子"，其实就是单独一个碱基罢了。无独有偶，基因突变常常也是由其内部的碱基突变造成的，如果把突变的最小单位叫做"突变子"，那么这种"突变子"同样也是单独的一个个碱基。

这样，到了 20 世纪 70 年代结束的时候，科学家对基因的认识就发生了彻底的转变。但是，更深刻的认识还在后面。

第三章

基因调控妙而准　细胞分化严且精

让基因动起来

　　前面所讲的，只是人们了解到的基因"静态"的一面。就拿基因的转录来说吧，我们好比在星期一上午，突然访问了细胞核这座皇宫。在短短几分钟走马观花的参观中，我们看到作为使臣的 mRNA 正里三层外三层地站着边听皇帝 DNA 传旨边记录。可是，如果我们换个时间——比如星期一下午或星期二——再去访问的时候，就会发现皇帝虽然还在传旨，但是听旨的使臣已经换了一批人，和星期一上午的那批不一样了。如果我们在周末再去拜访，甚至还会发现，皇帝已经不上朝了，前几天还能见到的使臣，这时想找也找不到了。

　　用专业的术语来说，一个生物体内，各种基因的"表达"是受到严密调控的。当生物体需要某个基因的产物时，这个基因便被"激活"，得到表达；当生物体不需要这种产物时，这个基因便被"关闭"，处于休眠状态。

　　显然，基因的动态一面要比它的静态一面复杂多了，这就好比说，要知道帝国需要些什么官吏、怎么培养他们并不困难，但是有了这些知识却未必能当好皇帝，因为你还必须懂"帝国管理学"，懂得怎么用这些官吏组建一套统治机构，把帝国运转起来。不光如此，生物体的每个细胞还得能随时根据外界环境的变化，来调整内部的运作细节——也就是说，要当好皇帝还得有各种各样随机应变的技巧，否则危机一来，帝国就要陷于瘫痪了。

最早试图揭示细胞"管理学"的科学家是法国的弗朗索瓦·雅各布（Françis Jacob）和雅克·莫诺（Jacques L. Monod），他们用的实验对象也是大肠杆菌（前面提到，正是利用这种生物，尼伦伯格等人才破解出了第一个遗传密码子）。大肠杆菌可以利用好几种糖类作为它的"粮食"，而且比较"偏食"，在有葡萄糖的时候，它们总是优先"吃"葡萄糖；只有在葡萄糖基本吃光之后，才开始吃别的糖类——比如在牛奶中大量存在、但没什么甜味的乳糖。

雅各布和莫诺发现，大肠杆菌有 3 个和乳糖有关的基因在染色体上是连在一起的。这 3 个基因里面有两个的功能已知：一个可以表达"消化"乳糖的酶，另一个表达的也是一种酶，作用是把乳糖从细胞外运到细胞内。在周围有更"好吃"的葡萄糖时，这 3 个基因是关闭的，但是如果周围只有乳糖，这 3 个基因就开启，合成出能利用乳糖的酶来。

1959 年，这两位科学家猜测，在大肠杆菌的染色体上，在这 3 个基因之前，一定还有一段染色体片段与其紧紧相邻，它并不指导任何蛋白质或 RNA 的合成，唯一作用就是控制它的"下游"基因——也就是它后面 3 个基因的表达。他们管它叫"操纵基因"（今名"操纵子"）。操纵子和下游基因合起来，就叫做一个"操纵元"[1]。

那么，这个操纵子又如何控制下游基因的表达呢？原来，在操纵子之前，还有一个"调节基因"（今名"抑制子"），可以

---

1. 操纵元（operon）以前也译"操纵子"，但现在"操纵子"一词已经广泛用来翻译 operator 一词，为免混淆，本书采用了"操纵元"的译法。

合成一种特殊的蛋白质。平时，这种特殊的蛋白质一合成出来，就紧紧结合到操纵子之上，像一把锁一样"锁"住了后面的基因，阻碍了它们的表达。这种蛋白质因而有了"阻遏蛋白"之名。可是在有乳糖的时候，乳糖可以在大肠杆菌细胞中变成一种叫"别乳糖"的物质，后者就像一把钥匙，可以把阻遏蛋白这把锁打开，

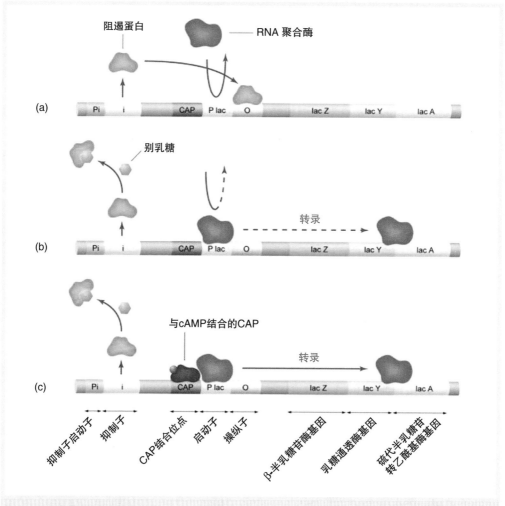

图3.1 大肠杆菌的乳糖操纵元

(a) 乳糖不存在时，阻遏蛋白与操纵子结合，阻止 RNA 聚合酶与启动子结合；(b) 乳糖和葡萄糖都存在时，阻遏蛋白虽然不能和操纵子结合，但是因为启动子上游的 CAP 结合位点没有和 CAP 结合，所以 RNA 聚合酶也很难和启动子结合，只有很少一部分能够顺利完成转录工作；(c) 乳糖存在但葡萄糖不存在时，cAMP–CAP 复合物结合到了 CAP 结合位点上，RNA 聚合酶从而可以顺利地和启动子结合，转录大量进行。（引自捷克布拉格化工技术学院网站 vscht.cn）

再也锁不住后面的基因了，于是它们就开动起来。

照这么说的话，只要周围有乳糖，乳糖操纵子就应该启动；可是为什么大肠杆菌会"偏食"呢？进一步的研究发现，在调节基因和操纵基因之间，还有一个"启动基因"（今名"启动子"）。在周围没有葡萄糖的时候，细胞中有一种叫 cAMP 的小分子含量很高，它和另一种叫 CAP 的蛋白质很合得来，二者的结合物可以牢牢地和启动子结合，但不是关闭它，而是启动它，就像给机器通上电一样。只有在启动子开启的时候，操纵子的操纵才有效。如果周围有了葡萄糖，cAMP 的含量就会迅速降低；没有了cAMP 的帮助，CAP 蛋白也无法再和启动子结合了；启动子一"断电"，操纵子便不起作用了。

大肠杆菌就是利用这种巧妙的机制，动态地适应着周边的环境。如果没有操纵子，大肠杆菌就会在没有乳糖的时候也合成利用乳糖的酶，这显然是一种浪费；如果没有启动子，大肠杆菌又会在周围还有葡萄糖的时候就大吃特吃不那么"好吃"的乳糖，好比我们在有肉吃的时候还要吃糠咽菜，身体也就强壮不起来了。

别乳糖怎么来的？

从上文可以看到，大肠杆菌的乳糖操纵元其实包含两个调控机制。一个机制是抑制子合成阻遏蛋白，阻遏蛋白再与操纵子结合，阻止乳糖代谢相关酶的合成，这称为"负调节"；另一个机制是 cAMP–CAP 复合物与启动子结合，促进乳糖代谢相关酶的合成，这称为"正调节"。雅各布和莫诺发现的只是前一个机制，所以有人开玩笑地说："半个操纵元就能获诺贝尔奖。"

不过，在第二个机制发现之后，有一个问题仍然没能解决：与阻遏蛋白结合、使之失去活性的别乳糖，需要在 β－半乳糖苷酶（也即那种用来"消化"乳糖的酶）的作用下才能由乳糖生成；这些最早的 β－半乳糖苷酶是从哪里来的？后来的研究表明，即使环境中没有乳糖，大肠杆菌的乳糖操纵元仍然可以制造少量的乳糖代谢相关酶，好比把一个年久失修的水龙头拧紧之后，仍然还会有很少量的水漏出来。这称为"背景表达"。正是这一点点靠"背景表达"合成的 β－半乳糖苷酶，保证了整个乳糖操纵元的完美调控功能。

雅各布和莫诺的操纵元理论是我们认识细胞"管理学"的第一步。这两位科学家因为这个开创性的发现，和另一位法国科学家一起获得了 1965 年的诺贝尔生理学或医学奖。

身体里的信号传递

操纵元理论提出之后，科学家们就想着用它来解释其他生物的基因调控过程。但是后来发现，这个学说对于包括人在内的真核生物来说还嫌简单，真核生物基因调控的过程要比大肠杆菌这样的原核生物复杂多了。

譬如说吧，大肠杆菌体内的很多基因在平时没事的时候，默认处于开启状态，不断地制造出 RNA 或蛋白质。可是真核生物就不能这样做了，因为真核生物的基因太多，要是也和大肠杆菌一样默认处于开启状态，那一分钟得制造多少 RNA 和蛋白质呀？这显然是十足的"生产过剩"，所以真核生物的策略和原核生物正好相反，如果没有一种叫"转录因子"的蛋白质前来报信，它们决不开启。

再比如说，成年人的身体是由 100 万亿个细胞构成的，这些细胞不仅要保证自己内部的基因调控运作正常，而且还得讲究"团队精神"，为了集体的利益，要么牺牲小我，要么无私利他。比如说，在血液中运送氧气的红细胞在成熟的时候失去了细胞核，这意味着它再也不能根据基因制造构成自身的蛋白质了。它一旦受伤，哪怕只是很小的一点伤，都会彻底残废，最终命运就是被无情地粉碎掉。再比如说，骨髓中的造血干细胞是一切血细胞（包括红细胞）的始祖，它可以繁衍出很多免疫细胞（也就是白细胞），到离它十万八千里的地方去和对身体有害的物质作战。在这些比人类历史上任何战争都更惨烈的战斗中，大量的免疫细胞和敌人同归于尽，它们的"尸体"共同构成了那黏糊糊、令人恶心的脓液。

显然，细胞们要能做到集体合作，它们就得彼此"通信"。这正如人类之间如果没有语言，任何需要合作才能完成的事情就都进行不了一样。

　　人们很早就知道，细胞之间有多种通信方式，比如借助激素之类的化学物质，或是电信号。但是当这些信号最终到达"收信"的细胞后，在细胞内部又是通过什么办法来调控基因的呢？要知道，很多化学分子一接触到目的细胞的细胞膜，就算完成了使命，它们才懒得再进细胞里继续跑腿；基因也不太可能靠"电击"来决定是开是闭——这太匪夷所思了。

　　1958 年，这个秘密开始被揭开了。这一年，美国生物化学家厄尔·萨瑟兰（Earl W. Sutherland Jr.）在肝细胞内发现了一种小分子。在没有激素刺激的时候，肝细胞内本来几乎没有这种分子，一旦受到激素刺激，它就大量出现。这种小分子就是上面已经提到过的 cAMP。

　　经过 7 年的不断实验和思考，1965 年，萨瑟兰提出了"第二信使"假说。如果我们把在细胞间传递的激素、电信号等看成是"第一信使"，那么 cAMP 之类的小分子就是"第二信使"，

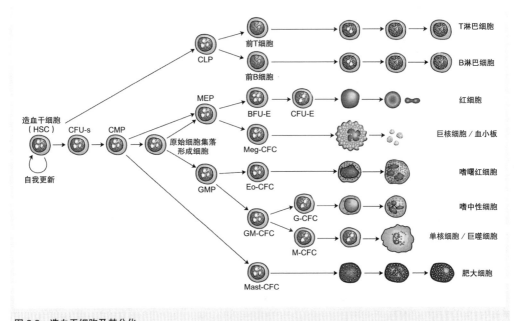

图 3.2　造血干细胞及其分化

　　图中以字母缩写表示的细胞，代表从造血干细胞向成熟血细胞分化过程中的各种中间状态细胞。除红细胞和巨核细胞／血小板之外的其他成熟血细胞均参与机体的免疫反应，统称为免疫细胞。（引自 lifeethics.org）

它们专门在细胞内传递信号。这个假说很快就被证明是正确的，萨瑟兰也因此获得了 1971 年的诺贝尔生理学或医学奖。

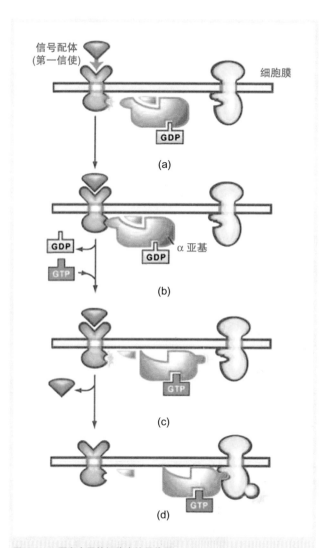

图 3.3　G 蛋白介导的细胞内信号传导

(a) 第一信使和受体结合，使受体的形状发生变化，膜内部分暴露出可以和 G 蛋白结合的区域；(b) 在膜上可以自由扩散的 G 蛋白与受体结合，大大削弱了它和 GDP 结合的能力；(c) GDP 从 G 蛋白上解离，G 蛋白改与 GTP 结合，造成其 α 亚基和其他亚基解离，并暴露出可以和腺苷酸环化酶结合的区域；(d) 通过在膜上自由扩散，G 蛋白的 α 亚基与腺苷酸环化酶结合，后者被激活；与此同时，第一信使从受体上解离，使受体恢复先前的形状。（引自加拿大英属哥伦比亚大学网站 ubc.ca）

但是，来自身体别处的信号，具体是怎么从第一信使手里交到第二信使手里的呢？解决这个问题的是美国的阿尔弗雷德·吉尔曼（Alfred G. Gilman）。1977 年，吉尔曼在细胞膜上发现了一种蛋白质，管它叫 G 蛋白。正是这种 G 蛋白，沟通了第一信使和第二信使。还拿肝细胞来说吧，当作为第一信使的激素分子跨越"千胞万管"，来到"收信"细胞的膜表面时，首先迎接它的是"收信"细胞的"迎宾官"——大名叫做"配体受体"，简称"受体"。受体看到信号，回头就在细胞膜内侧把它展示给 G 蛋白。G 蛋白本来正穿着拖鞋——和它结合的一种叫做 GDP 的小分子——闭目养神，接到信号，它马上换上跑鞋——另一种叫 GTP 的小分子——把这信号送给第二信使的"派遣官"——一种叫"腺苷酸环化酶"的蛋白质。正是这位派遣官，在收到信号之后，向细胞内派出了大量的第二信使 cAMP。因为发现并阐明了 G 蛋白的作用，吉尔曼和另一位美国生物化学家马丁·罗德贝尔（Martin Rodbell）共同获得了 1994 年的诺贝尔生理学或医学奖。

　　不过，cAMP 毕竟只是第二信使里的一种，除了它之外，还有别的好几种第二信使，比如钙离子。这么说来，补钙不仅仅能让人有一副坚强的骨骼，也能让体内能保持一个良好的通信

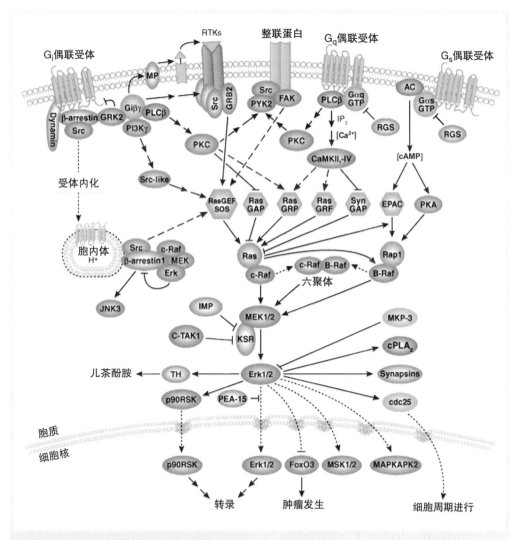

图 3.4　一个简化的细胞内信号传导过程示意图

　　从图中可以看出，G 蛋白介导的细胞内信号传导也分不同的类型，而且除此之外还有其他类型的信号传导过程。（引自 CTS 公司网站 cellsignal.com）

网络!

不论哪种第二信使，都只能在细胞质中活动，要把信号递到细胞核内，控制基因的表达，还需要能出入细胞核的高级差使——它们是一类叫做"蛋白激酶"的蛋白质。这些蛋白质进入细胞核之后，再把信号传给"第三信使"——这就是前面提到的转录因子了。在这场信号传递的接力中，"转录因子"是最后一棒，由它来直接唤醒沉睡的基因。这样，多细胞生物便实现了为"集体""着想"的基因调控。

从受精卵到成体

对于多细胞的真核生物，还有另一个有趣的问题：它们的每一个个体，是怎样从一个小小的受精卵，发育成大得多的个体的呢？

以人类为例，受精卵的直径只有 0.2 毫米，如果把它取出来，需要很仔细地观察才能看到。可是，在"十月怀胎"（严格地说，应该是"九月怀胎"）之后，初生的婴儿已经有 50 厘米长了。到成年的时候，绝大多数人的身高都又增长了两倍多，有的人甚至翻了两番。

在这个过程中，一个引人注目的现象就是，细胞一边分裂，一边发生"分化"，有的变成长条形的肌肉细胞，有的变成星状的神经细胞，有的变成扁平或柱状的上皮细胞，有的变成两面凹的饼状的红细胞……人体所有几百种细胞，追溯回去不过只有几个祖先，它们就是胚胎干细胞。无疑，细胞的分化也是由基因控制的，正是因为基因的调控过程不同，不同的细胞才有了不同的分工，不再像胚胎干细胞那样是个全才。

最开始，人们以为分化的细胞是因为丢失了一些染色体，也即丢失了一些基因，才"被迫"分工的。这种看法是有一定证据支撑的，比如马蛔虫（上文提到，染色体的减数分裂最早就是在这种动物体内观察到的）的受精卵在发育时，只有很少细胞的染色体自始至终都没有变化，大部分细胞里的染色体都会断裂成碎块，其中一些碎块后来就消失了。这些发生"染色体消减"的细胞，后来就分化成各种"体细胞"——也就是只负责构建生物体、不负责传宗接代的细胞，一直维持染色体不变的细胞则理所当然地发育成原始生殖细胞。

　　但是人们后来发现，并不是所有的生物都会发生染色体消减，植物和高等动物就怎么也观察不到这个现象。到了 1952 年，美国两位动物学家罗伯特·布里格斯（Robert Briggs）和托马斯·金（Thomas J. King）干了一件大胆的事情，他们把一种叫豹蛙的两栖动物已经分化的胚胎细胞的核取出，注入已经移走细胞核的蛙卵里面。令人惊讶的是，一些这样处理的蛙卵居然成功地发育成了蝌蚪！布里格斯和金因此成为"克隆"（无性繁殖）脊椎动物的先行者。1958 年，英国植物学家弗雷德里克·斯图亚德（Frederick C. Steward）率领的研究小组成功地把胡萝卜的根部细胞培育成了能开花结实的完整植株，由此彻底证明了高等植物体细胞的"全能性"。

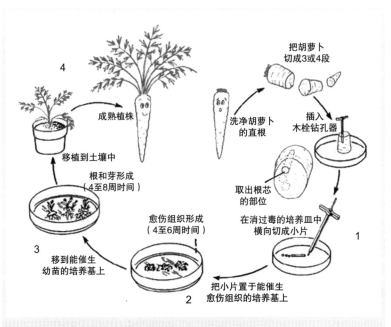

图 3.5　用胡萝卜根细胞培育完整的胡萝卜植株的全过程

（引自科学教学资源网站 *carolina.com*）

1996 年在生物学历史上又是值得纪念的一年。在这一年，英国的胚胎学家伊安·维尔穆特（Ian Wilmut）等人利用一只母羊乳房的细胞核，成功地繁育出了世界上第一只用体细胞克隆出来的哺乳动物——克隆绵羊，它被取名为"多莉"。正如维尔穆特所预期的，多莉的外形和那只提供细胞核的母羊几乎没有分别。克隆羊的问世震惊

图 3.6 多莉和"克隆羊之父"维尔穆特

（引自贝德福德干细胞研究基金会网站 bedfordre-search.org）

多莉羊的故事

多莉羊的诞生涉及 3 头母羊。多莉的"母亲"（严格来说，这即不是一种母女关系，亦不是一种姐妹关系，……这种关系是留给世人的一道尚且无解的伦理难题。）是一头芬兰多塞特羊，脸是白的。维尔穆特等人从这头白脸羊的乳房中提取出一些乳腺细胞，先在培养基上培养一段时间。然后，从一头苏格兰黑脸羊体内取出一枚卵，将其细胞核去掉，这样便得到了一枚无核卵。接着，从培养基上取出一个白脸羊的乳腺细胞，用电击的方式使之和黑脸羊的无核卵融合。由于后者的细胞质很丰富，而前者的细胞质较少，可以忽略不计，这样就得到了一枚具有白脸羊的细胞核和黑脸羊的细胞质的融合卵。

融合卵先移植到另一头苏格兰黑脸羊的输卵管内发育，这头羊的输卵管事先已经在下部结扎，所以移入的卵不能进入子宫。在这枚卵成功地发育成早期胚胎之后，再把它取出，移植到同一头黑脸羊的子宫中。这只黑脸羊经过 148 天妊娠，最后在 1996 年 7 月 5 日成功地诞生出多莉。多莉的样子和它的"母亲"一样，脸也是白的。

1997 年 2 月 23 日，半岁多的多莉首次与大众见面，轰动世界，以致很多人误以为多莉的诞生是在 1997 年。1998 年，两岁的多莉产下一头小羊，证明克隆羊具有正常的生育能力，后来多莉又先后生育了 5 个子女。欲知多莉后来如何，请看第六章。

了世界，也彻底证明了高等动物的体细胞核——虽然不是整个体细胞——同样具有"全能性"。

这样一来，这些生物的细胞分化就只能是基因调控的结果了。那些在分化的细胞中不表达的基因，其实并没有消失，只是被长期"禁闭"，甚至是被判了"终身监禁"。不过，我们不必同情它们，因为如果你要发慈悲，把这些被软禁的基因重新"放"出来，那么整个生物体很可能就要遭殃了——它会长出肿瘤！

显然，生物体在发育的过程中，基因调控和细胞分化的进行一定是非常精确的，走错一步，都会给整个生物体带来巨大的、往往是致命的灾难。当生物学家们逐渐了解到这个基因调控过程的细节时，他们都忍不住要为这种精巧的机制击节称赏。Hox基因的表达，就是一个最生动的例子。

早在19世纪末，昆虫学家们就已经发现，有的果蝇会发生奇怪的变异，在头上该长一对触角的地方，居然长出了两条腿。他们敏锐地意识到，控制触角发育和控制腿发育的基因一定有着亲密的关系。到了1983年，瑞士遗传学家瓦尔特·盖灵（Walter

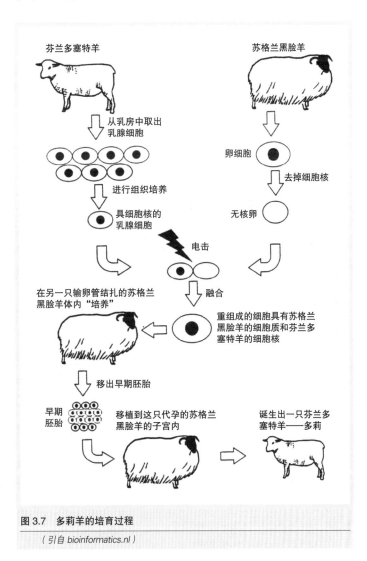

图 3.7　多莉羊的培育过程

（引自 bioinformatics.nl）

J. Gehring）果然在果蝇基因组中找到了这种基因，它们一共有 8 个，在染色体上构成一串，形成了一个"基因簇"。这 8 个基因都含有一段近乎相同的长约 180 个碱基的序列，盖灵管这个序列叫"同源异型框"，英语是 homeobox。Hox 基因的名字，就是由 homeobox 缩写而来的，它的中文全称是"同源异型框基因"。

当受精卵不断分裂，形成由一定数目的细胞组成的胚胎时，Hox 基因便开始启动了。有趣的是，胚胎中不同位置的细胞会识别出自己所处的位置，进而只启动相应的 Hox 基因。于是，在决定头部的 Hox 基因的作用下，果蝇胚胎"头部"的细胞便在进一步的分裂、分化后形成果蝇的头部；在决定胸部的 Hox 基因的指挥下，另一些细胞最终形成胸部；胚胎"尾部"的细胞，则在

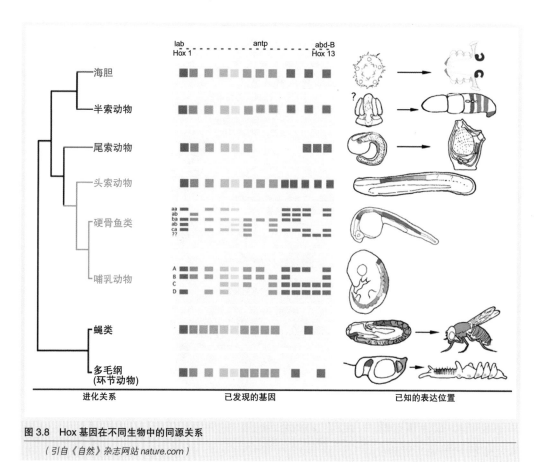

图 3.8　Hox 基因在不同生物中的同源关系

（引自《自然》杂志网站 nature.com）

决定腹部的 Hox 基因的操纵下，最终形成腹部。假如这些细胞犯了错，不小心把别的 Hox 基因打开了，那么最终就会发育出畸形的果蝇，比如触角变成腿，或是长出两对翅膀（正常的果蝇只有一对翅膀）。

后来人们发现，不光是果蝇，几乎所有的多细胞动物——包括人类——也都有 Hox 基因。更引人入胜的是，在每一个 Hox 基因簇里面，各个 Hox 基因的排列顺序和它们所决定的身体部位的顺序是一模一样的！比如人的身体自上而下依次是头、颈、躯干和四肢，人的 Hox 基因簇里面，同样也是影响头部的 Hox 基因排在前面，后面依次跟着影响颈部、躯干和四肢的 Hox 基因。看似不可捉摸的人体发育，原来有着这样简单、清晰、精密的过程，这无疑是分子生物学的又一个重大发现。

如你能预料到的，1995 年，诺贝尔生理学或医学奖决定授予 3 位研究 Hox 基因的科学家，其中两位——德国的克里斯蒂安娜·尼斯莱因 – 福尔哈德（Christiane Nüsslein-Volhard）和美国的埃里克·魏绍斯（Eric F. Wieschaus）——是盖灵的学生，另一位却不是盖灵本人，而是美国的爱德华·刘易斯（Edward B. Lewis）。后来有流言说，诺贝尔奖委员会觉得盖灵虽然有才，可是却太骄傲，所以才故意忽视他的成就。但不管怎样，盖灵的名字注定要永垂史册，以后人们每当提起 Hox 基因的发现者，第一个应该提起的名字就是他，而不是那 3 位诺贝尔奖获奖人。

抗体是怎么来的

当然，很多事情并不是绝对的。在真核生物体内，也不是所有的细胞分化都是基因调控的结果，那种通过 DNA 本身的变化导致细胞分化的情况也还是存在的。人的免疫细胞分化就是一个有趣的例子。

上面已经讲到，免疫细胞是由造血干细胞分化而来的，它们专门负责消灭"异己"物质——不管它是细菌、病毒、花粉、毒素、肿瘤细胞还是移植自他人的器官。这些异己物质，在医学上统称为"抗原"。免疫细胞中有一类叫B淋巴细胞，可以产生一类特殊的蛋白质，这类蛋白质可以和抗原牢牢结合，使之失去侵害人体的能力，在医学上管它们叫"抗体"。

抗体的种类非常多，可以说，有多少种抗原，就有多少种抗体。这不计其数的抗体在结构上有什么相同和不同之处呢？首先解决了这个问题的两位科学家是美国的杰拉尔德·埃德尔曼（Gerald M. Edelman）和英国的罗德尼·波特（Rodney R. Porter）。

1959年，埃德尔曼发现，抗体分子含有两种不同的肽链，其中一种比较重，叫作H链（H是英文heavy"重"的缩写），另一种比较轻，叫作L链（L是英文light"轻"的缩写）。H链之所以重，是因为它比较长，含有的氨基酸多；L链之所以轻，是因为它比较短，含有的氨基酸少。

1962年，波特进一步发现，抗体分子呈"丫"字形，像一个张开双臂的人。这个人的身体是由两条H链的下半截构成的，每条胳膊则由一条H链的上半截和一条L链构成。后来，埃德尔曼又发现，不同抗体的"身体"大同小异，区别只在于"手"。每一种抗体的"手"都能够紧紧抓住它们要对付的那种抗原，但是让它们去抓别的抗原就使不上劲了。原来，构成抗体之"手"的那一部分H链和L链的序列多种多样，特别是H链，有一段"高可变区"，真可谓是光怪陆离、千变万化。每一种独特的序列，都会造就一双独特的抗体之"手"。因为这些开创性的发现，埃德尔曼和波特共同获得了1972年的诺贝尔生理学或医学奖。

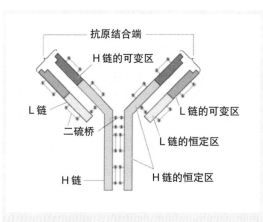

图 3.9　抗体的结构

二硫桥既可以把4条肽链结合在一起，又可以使每条肽链的形状保持稳定。（引自 cartage.org.lb）

　　抗体序列的多样化被人们认识了，紧接着的问题就是：这不计其数的特殊序列到底是怎样产生的呢？它们显然不可能全都预先在基因组中编码——那样是永远也编不完的。

　　现在轮到日本免疫学家利根川进（Susumu Tonegawa）登场了。在 1976 年，他终于阐明了抗体的基因编码机制。原来，在所有造血干细胞中，编码抗体的基因都是相同的，但是在造血干细胞分化成 B 淋巴细胞时，抗体基因被打碎成许多小的片段，细胞从中随意地挑选出少数片段，并把它们重新拼合起来，这样就制造出了数以千万计的含有不同抗体基因的 B 淋巴细胞。当抗原侵入人体时，所有的 B 淋巴细胞一齐出动，它们大量增殖成另一种叫"浆细胞"的免疫细胞，一个 B 淋巴细胞便可以形成一支浆细胞的"军队"，其中总会有那么几支军队制造的抗体可以有效地对付抗原。等这场消灭敌人的战役顺利结束之后，这几种立下战功的 B 淋巴细胞又把对付敌人的办法传授给另一种叫做"记忆细胞"的免疫细胞。这些记忆细胞就成了人体内的"预备役"部队，当同一种抗原再次入侵的时候，它们便可以直接被调动起来，更迅速地消灭敌人——这就是体液免疫的基本原理。

　　利根川进的发现，彻底解决了人们苦思不得其解的免疫分子机制，让人们不禁对生物体的巧妙再次赞叹不已。他因此独获了 1987 年的诺贝尔生理学或医学奖。

　　可是，俗话说，"道高一尺，魔高一丈"。虽然人类发展出了这样"苦心孤诣"的一套免疫机制，可还是抵挡不过某些更"聪明"的生物。

　　有一种单细胞生物叫做锥虫，它好吃懒做，专门寄生在哺乳动物体内，可以使人或牲畜患上能致命的锥虫病。在非洲，由锥虫引起的"昏睡病"，迄今仍然是当地主要的传染病之一；还有人曾分析，马、牛这样的大牲畜在历史上之所以迟迟不能在非洲南部普及，也是因为锥虫对它们的危害太大，实在是没法饲养。

　　为什么锥虫病这么难治？这是因为锥虫也会玩"基因洗牌"的花样。在锥虫体表有一种叫糖蛋白的物质，免疫细胞就是以这种物质为抗原制造对付锥虫的抗体的。每当免疫细胞好不容易制

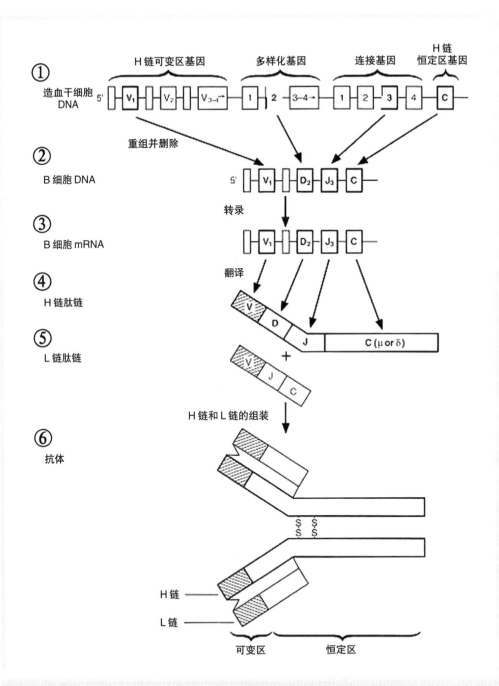

图 3.10　抗体的合成过程

（引自美国得克萨斯大学医学院网站 utmb.edu）

造出抗体时，锥虫就把它用来制造糖蛋白的基因重新挑拣一遍，炮制出和原来不同的另一种糖蛋白，于是免疫细胞先前花的工夫就都白费了！

　　和锥虫一样，流感病毒也是这样的"聪明"生物，也能够通过变异，一次次地逃避免疫细胞的追杀，所以每隔一段时间，我们就得注射一次新的流感疫苗。现在，禽流感和甲型 H1N1 流感病毒正让传染病学家们忧心忡忡，担心哪一天它会突变成为新的致命病毒，在人类猝不及防的情况下，再制造一场全球肆虐的瘟疫。作为普通人，我们应该怎么办呢？

　　如果你不是观鸟爱好者，那么，要不先离鸟远一点？呵呵……

核糖核酸亦非凡　远古时代本雄英

RNA：又一群多面手

基因的这种种精彩的表现，一度让人们把目光聚焦在 DNA 和蛋白质身上，而 RNA 却备受冷落。

这也难怪，在 DNA、RNA、蛋白质这 3 种大分子中，DNA 和蛋白质的功能是科学家了解得比较多的。DNA 是皇帝，它的工作就是把遗传信息忠实地代代相传（当然啰，偶尔也会出错），然后拿着这些信息发号施令。虽然在 20 世纪 90 年代，人们在试管中合成出了一些人造 DNA，发现它们也像蛋白质一样有催化功能，但这只不过是 DNA 的"客串表演"罢了，况且这种有催化功能的 DNA 在自然界中是否存在，还是个疑问。

蛋白质则是根据 DNA 的旨意干杂活的官吏，是生物体内杰出的多面手，这在第一章已经介绍过了。

而 RNA 呢？前面已经提到了 3 种 RNA，即 mRNA、tRNA 和 rRNA。mRNA 的功能是把遗传信息从 DNA 递到核糖体；tRNA 的功能是向核糖体搬运合成蛋白质的原材料——氨基酸。

还记得那个比喻吗：mRNA 是传递皇帝圣旨的使臣，tRNA 是把皇帝文绉绉的圣旨用通俗语言写成教材、用来培训官吏的学者，核糖体则是培养官吏的学校。

那么，rRNA 的功能又是什么呢？长期以来，人们理所当然地认为，肯定是核糖体中的某些蛋白质催化了蛋白质的合成，rRNA 只不过起支撑的作用；如果把这些蛋白质比作学校里的老师，rRNA 不过是学校的杂工罢了。看起来，在生命世界中，RNA 好像只是 DNA 的附庸，蛋白质的领路人。一旦把蛋白质培养成材，RNA 就没事干了。

但是到了 1981 年，分子生物学家有了意外发现。美国的托马斯·切赫（Thomas R. Cech）在研究一种叫做四膜虫的单细胞真核生物时注意到，四膜虫有一种 tRNA，刚从 DNA 转录出来时还只是一个"毛坯"，需要经过加工、切掉其中的内含子之后，才能成为真正有功能的"成品"。令人惊奇的是，这个过程居然不需要任何蛋白质的参与，是由 tRNA "毛坯"自己完成的！切赫把这种有催化作用的 RNA 叫做"核酶"。核酶的发现，打破了以前的那种"生物体内的催化剂一定是蛋白质"的成见。切赫因此和另一位也发现了 RNA 催

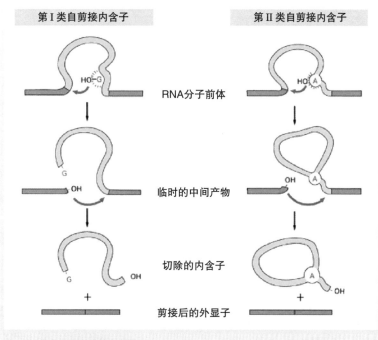

图 4.1 有自剪接作用的内含子

这种内含子又可以分成两类，其自剪接机制略有不同。图中的 G 和 A 表示在自剪接过程中起关键作用的碱基。（引自美国国立卫生研究院网站 *nih.gov*）

化功能的加拿大生物化学家悉尼·奥特曼（Sidney Altman）共获 1989 年的诺贝尔化学奖。

到了 1992 年，美国的哈里·诺勒（Harry F. Noller）等人又发现，核糖体中蛋白质和 rRNA 的功能原来根本不是人们先前想象的那样。他们把核糖体彻底拆分成蛋白质和 rRNA 两部分，发现没有了 rRNA 的核糖体蛋白质丝毫没有催化功能，没有了核糖体蛋白质的 rRNA 却多少还有点催化作用。看来原先把核糖体蛋白质和 rRNA 的功能彻底搞反了，rRNA 也是一种核酶，它才是官吏学校中谆谆施教的教师，核糖体蛋白质只是为教师教课提供便利的学校杂工。

在 RNA 的催化功能得到揭示的同时，科学家还发现，RNA 就算是当使臣，也不像以往想象的那么简单。

1986 年，荷兰的分子生物学家罗伯·本纳（Rob Benne）在研究锥虫的基因时，又有了新发现。在本纳之前，已经有人注意到，锥虫线粒体里的一个基因序列，似乎比"正常"序列少一个碱基。看上去，少一个碱基似乎问题不大，但对于生物体来说却是致命的，因

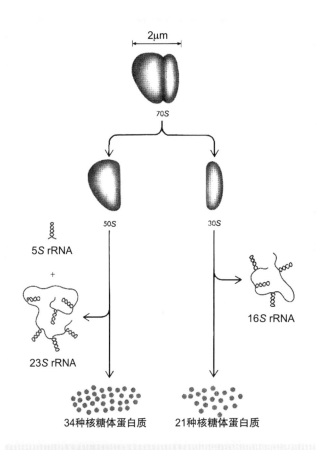

图 4.2　细菌核糖体的组分

在低分辨率的电子显微镜下，核糖体像是一个球形的颗粒。但在高分辨率的电子显微镜下，可以看到核糖体只是近似球形，中间有一条沟将它分成不等的两部分。大的那部分叫做"大亚基"，小的那部分叫做"小亚基"。两个亚基共含有 3 个彼此不同的 rRNA 分子和几十种蛋白质。

S 叫做"沉降系数"，是用来衡量大分子质量大小的一种单位，但它的数值和质量并不成正比。所以细菌核糖体的沉降系数为 70S，但它的两个亚基却分别为 50S 和 30S。

真核生物的核糖体结构与细菌核糖体类似，但要大一些，它的沉降系数是 80S，两个亚基分别为 60S 和 40S。（引自美国伊利诺伊大学芝加哥分校网站 uic.edu）

为这个碱基的丢失会在翻译时造成阅读错误，让原本正常的编码
变得乱七八糟。可是，锥虫似乎并没有受到这个问题的困扰，由
这个基因翻译出来的蛋白质是完全正常的。

本纳决心看看，作为 DNA 和蛋白质中介的 mRNA 的序列是
怎样的。这一看不要紧，本纳发现，mRNA 比 DNA 居然多出了
4 个碱基，不仅补救了阅读错误，而且还多编码了一个氨基酸！
显然，在 mRNA 转录完成之后，翻译之前，一定有一步额外工作，
对 mRNA 作了改动，加上了这 4 个碱基。本纳把这个步骤叫做
"RNA 编辑"。

那么，这多出来的 4 个碱基是从哪来的呢？后来的研究表明，
它们是从一种新的小分子 RNA 那里得来的。这种小分子 RNA 记
载着这一段基因的正确序列信息，当 mRNA 转录完成之后，它
就用这正确的序列信息对 mRNA 进行校对，把缺失的碱基补上，
所以人们管它叫"指导 RNA"（简称 gRNA，g 是英文 guide "指

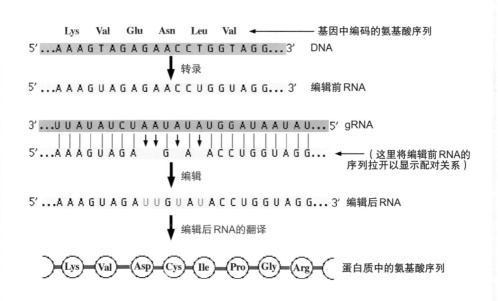

图 4.3 锥虫的 RNA 编辑

图中的 Asn, Asp, Cys, Ile, Pro 分别是天冬酰胺、天冬氨酸、半胱氨酸、异亮氨酸和脯氨酸的三字母缩写。其他三字母缩写
与蛋白质中文名的对应关系见图 2.10 下的说明。（引自维基百科网站）

导"的缩写）。

可是 gRNA 又是从哪来的呢？原来它是由基因组里其他的基因编码的。这么说来，gRNA 是 DNA 的又一个使臣，只不过它不是把圣旨直接送到官吏学校，而是在半道截住别的使臣，用自己领受的旨意把对方手头的圣旨里面的错别字改掉，就算完成了使命。

如果说，RNA 编辑还是在 DNA 的监视之下完成的，那么，RNA 的"再编码"就更像是自己偷偷摸摸的行动了。1986 年，美籍华裔生物化学家黄慧敏（Wai-Mun Huang）和中国生物化学家敖世洲等人发现，一种叫做 T4 的噬菌体（属于 DNA 病毒）有一个基因，它的 mRNA 在翻译的时候，核糖体会忽视掉其中一段长达 50 个碱基的序列，直接跳到后面翻译。如果光看这个基因的序列，你万万想不到 mRNA 会干出这样的"删改圣旨"的事情。看来，使臣一点都不"愚忠"，有的时候，它还是挺有主见的。

和蛋白质争当基因调控者

现在，让我们再回到 1981 年——也就是切赫发现核酶的那一年。在这年，日本的富泽纯一（Jun-ichi Tomizawa，当时在美国工作）和丹麦的库尔特·诺德斯特罗姆（Kurt Nordstr）两个研究小组在研究大肠杆菌时，也有了关于 RNA 的新发现。

大肠杆菌的细胞里除了一个大型的环状染色体外，还有 1 个到几个小分子的环状 DNA，也记载有一定的遗传信息，人们管它叫"质粒"。和真核生物细胞里的线粒体或叶绿体一样，如果说染色体 DNA 是皇帝，那么质粒 DNA 就是藩王。这两个研究小组各自都报告说，他们发现大肠杆菌的质粒可以编码一种小分子 RNA，这种 RNA 的碱基序列和某种 mRNA 的碱基序列恰好互补，所以叫做"反义 RNA"。当二者相遇时，反义 RNA 会扑过去，和 mRNA 缠绕成 DNA 那样的双链，结果就让这种 mRNA 失效，再不能翻译蛋白质了。这就好比说，藩王派出的使臣在半路截住了皇帝派出的使臣，两人缠斗在一起，最后同归于尽，原本要送到官吏学校去的皇帝圣旨也就没法传达了！

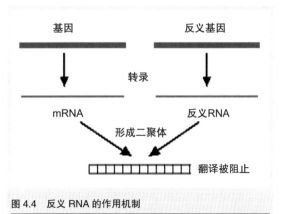

图 4.4 反义 RNA 的作用机制

为了示意，图中的反义 RNA 画得与 mRNA 等长。实际上，天然存在的反义 RNA 要比 mRNA 短得多，它只和 mRNA 中的一段配对，但这样已经足以阻止 mRNA 翻译成蛋白质了。

看来，反义 RNA 也是大肠杆菌进行基因调控的一种方式，只不过，以前人们只知道蛋白质可以进行基因调控，现在知道连 RNA 也有这种功能。于是 RNA 的本事就又多了一项。进一步的研究表明，反义 RNA 调控在大肠杆菌这样的原核生物体内其实是普遍存在的，但在真核生物体内就不那么普遍。不过这不要紧，科学家发现，如果人工合成一段真核细胞 mRNA 的反义 RNA，把它注射到真核细胞里面，这反义 RNA 一样可以把 mRNA 牢牢缠住，让它失效。

如果我们更进一步，人工合成一个和转录出 mRNA 的基因完全互补的"反义基因"，用"转基因"技术（这个技术会在第六章详细介绍）把它导到真核细胞里面，这个"反义基因"便会自己源源不断地转录出反义 RNA，完完全全地让那个基因失去作用。这就好比说，我们给这个帝国专门弄来了一位和皇帝的某道圣旨作对的藩王，携带这道圣旨的使臣一出宫，由藩王专门派出的杀手就扑上去和他同归于尽，让这道圣旨永远无法传达到官吏学校。

核酶和反义 RNA，都在 20 世纪 80 年代的第一年为人所知，大大纠正了科学家觉得 RNA 无足轻重的偏见，这已经预示着 RNA 的研究热潮快要到来了。等到基因沉默现象也被发现后，人们更是惊呼：RNA 万万轻视不得！

最早发现基因沉默现象的，是美国植物学家理查德·乔尔根森（Richard A. Jorgensen）。1990年，乔尔根森运用转基因技术，先从一种叫矮牵牛的园艺花卉里复制出能合成紫色花色素的基因，再把这个基因导回矮牵牛细胞中（这样，矮牵牛就多了一个额外的花色素基因）。他本以为，本来就开紫色花的矮牵牛，这下子应该能开出颜色更深的花来，但是结果却出乎意料：加入了额外基因的矮牵牛，居然开出了白、紫相间的花，有些更是只能开出纯白色的花！这样，乔尔根森无意中创造了一种新的矮牵牛品种。

但是分子生物学家毕竟不是园艺学家。他们更想知道的是，为什么加进去的基因不仅自己不能表达，而且还干扰了矮牵牛原有基因的表达，导致"基因沉默"现象的出现呢？

1995年，中国留学生郭苏在导师坎菲斯（Kenneth Kemphues）的指导下，在秀丽新小杆线虫（这也是分子生物学家常用的实验对象，通常简称为"线虫"）体内也发现了基因沉默现象。她本来是想用注入反义RNA的方法阻止线虫体内某个基因的表达，但是在实验中，她意外地发现，如果注入的不是反义RNA，而是和mRNA的序列一样的"正义"RNA，一样也能阻止这个基因的表达。

郭苏的发现引起了美国分子生物学家安德鲁·法伊尔（Andrew

图4.5　乔尔根森培育出的白紫相间的矮牵牛花
（引自美国亚利桑那大学网站 arizona.edu）

矮牵牛

在植物分类学上，矮牵牛属于茄科矮牵牛属，原产于南美洲。矮牵牛属的学名是 *Petunia*，英文与学名相同；它的另一个中文名字"碧冬茄属"中的"碧冬"二字就是学名的音译。矮牵牛虽然名字中有"牵牛"二字，但是它和真正的牵牛花（属于旋花科番薯属）关系甚远。所有的园艺矮牵牛都是杂交品种。

Z. Fire）和克雷格·梅洛（Craig C. Mello）的兴趣。法伊尔和梅洛在 1998 年发现，只有把"正义"和反义 RNA 缠绕形成的双链 RNA 注入线虫体内，才能取得关闭基因的效果。如果把提得很纯的单链"正义"RNA 注入线虫体内，对基因的表达并没有影响。郭苏等人之所以观察到了"正义"RNA 也能导致基因沉默，是因为她们注入的"正义"RNA 并不纯，其中混有微量的双链 RNA！

可是，这微量的双链 RNA 有什么天大本事，能让特定的某种 mRNA 分子都不起作用了呢？接力棒现在传到美国的安德鲁·哈

线 虫

线虫是线虫动物门（Nematoda）所有物种的统称，人类的重要寄生虫蛔虫、蛲虫和钩虫也都属于这一门。秀丽新小杆线虫（学名 *Caenorhabditis elegans*，简作 *C. elegans*）是一种在潮湿土壤中自由生活的线虫，以细菌为食物。这种线虫的成虫体长只有 1 毫米左右，分为两性（雌雄同体）和雄性两类个体。

1974 年，南非分子生物学家悉尼·布伦纳（Sydney Brenner）选用这种线虫作为实验对象，除了因为它生命周期短、繁殖迅速、形体简单外，还因为它的生长具有严格的模式：所有的正常两性个体在幼虫时都具有 1 090 个细胞，在发育成成体的过程中有 131 个细胞死亡，因此所有的正常两性成体都具有 959 个细胞；通过追踪这些细胞从卵开始的发育谱系，就可以详细了解这种线虫的发育过程，进而揭示其基因调控的机制。

布伦纳此前已经在分子生物学界做出了重要贡献（就是他在 1961 年证实了 mRNA 的存在，详见第二章），后来又因为在利用线虫揭示基因功能的研究方面功勋卓著，而与他的两名学生（美国的罗伯特·霍尔维茨［H. Robert Horvitz］和英国的约翰·萨尔斯顿［John E. Sulston］）共同获得了 2002 年的诺贝尔生理学或医学奖。

图 4.6 秀丽新小杆线虫

（引自 basis.ncl.ac.uk）

密尔顿（Andrew J. Hamilton）和戴维·鲍尔库姆（David C. Baulcombe）手里了。1999 年，这两位科学家首次在发生基因沉默的细胞中发现了一种只有 21~23 个碱基长度的小分子 RNA。这种小分子 RNA 发现没几年，RNA 干扰的秘密就被彻底揭开了。

原来生物体往往把双链 RNA 的出现当成是病毒入侵的信号。RNA 病毒在复制的时候会产生双链 RNA 自不必说；即使是 DNA 病毒，当它侵入生物体以后，它那陌生的 DNA 也会引起细胞的警觉，细胞会派出一种叫 RdRP 的酶，一等病毒 DNA 转录出 mRNA，就冲上去，主动为病毒 RNA 配对，把它弄成双链 RNA。这就好比说，皇帝是坚决不能容忍外人夺权的，一看到有人溜进他的帝国，还带着自己的使者，鬼鬼祟祟有造反之意，就马上派出一群侦察官；这些侦察官一逮着对方的使者，不由分说，便给他佩戴上一件特殊的标记。

接下来，细胞再派出另一种酶，专门扑向这种双链 RNA，把它们像切肉丁一样切成许许多多的双链小分子 RNA，好比皇帝派出了杀手，逮着佩戴着特殊标记的使者就把他杀死，把他手中拿的"伪圣旨"撕成了碎片。这种酶因此有了"切丁机"（dicer）的绰号。

事情到这里还没有完，细胞这时又派出了第三种"酶"——一种叫 RISC 的蛋白质复合物，每一个 RISC 都和一个双链小分子 RNA 结合。RISC 先是把这个双链小分子 RNA 中

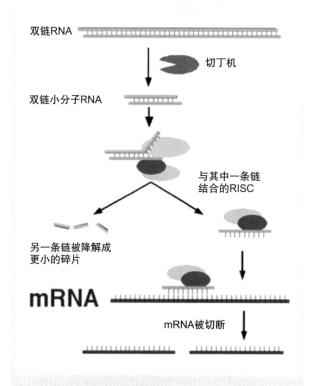

图 4.7　RNA 干扰现象的简单图解

　小分子 RNA 和 RISC 的复合体并非总会把目标 mRNA 切断。如果目标 mRNA 上有一段可疑序列并不和小分子 RNA 的序列完全互补，而是略有不同，RISC 并不会把目标 mRNA 在这里切断，但是会牢牢和它结合，阻止它的翻译。这样一来，即使入侵的病毒发生了变异，只要这变异不太大，机体仍然可以通过 RNA 干扰机制来消灭病毒 RNA。（引自维基百科网站）

的一条链进一步切碎并扔掉，然后再以另一条链的序列为标志，在细胞里面到处巡视。一发现能在什么 RNA 的序列里找到和这条链互补的序列，就在这段序列处把这个 RNA 分子也切断。这就好比说，皇帝又派出了另一路杀手，拿着那些伪圣旨的碎片到处搜捕，一看到有谁手里也拿着张写满字的纸片，就截住他，在那纸片上搜索伪圣旨碎片上的文字。如果发现纸片上有一样的语句，这人就倒霉了，他会马上被这第二路杀手杀死，手中的伪圣旨也一样被撕成碎片。这样一来，病毒的 RNA 只要一出现，就会马上被消灭掉，这就阻断了病毒的复制过程，从而保护了生物体自身。

对于转基因的矮牵牛来说，那额外的花色素基因虽然不是"外人"，但是它会制造过量的 mRNA，这也能引起细胞的警惕，进而启动上述的"RNA 干扰"机制。这就像是说，皇帝已经不需要再传达某种旨意了，可是拿着这旨意替他奔走的使臣居然还有那么多人，真是成事不足败事有余。于是，这位残暴的皇帝，竟然把对付外国入侵者的侦察官和杀手拿来对付自己的使臣，像杀入侵者一样把他们也全杀光了！生物体正是用这种令人发指的机制，来保证自身的某些基因不至过分表达，这就让人们又知道了一种新颖的基因调控机制。

其实，何止是分子生物学家，RNA 干扰现象的揭示，让医学家也眼前一亮，他们很快想到，可以用这种方法去治疗癌症（详见本书第九章）！正因为 RNA 干扰现象的巨大科学价值和应用价值，最初发现了双链 RNA 导致基因沉默的法伊尔和梅洛，在2006 年便被"匆匆"地授予了诺贝尔生理学或医学奖——距他们论文的发表时间只过了 8 年。

重新审视非编码 DNA

说实话，科学家们对小分子 RNA 并不陌生，但是在哈密尔顿和鲍尔库姆 1999 年有了新的发现之前，大家都以为，只有细胞核里面才有小分子 RNA。

早在 20 世纪 60 年代，就有人在脊椎动物的细胞核内一种叫"核仁"的结构里发现了小分子的 RNA，后来它们被叫做"核仁小 RNA"（英语简称 snoRNA），但是当时对它的功能一无所知。到了 1979 年，美国的迈克尔·勒纳（Michael R. Lerner）和琼·斯泰茨（Joan A. Steitz），在细胞核里面新发现了好几种小分子的 RNA，长度总共只有 150 个碱基左右，这些小分子 RNA因此被起名为"核小 RNA"（英语简称 snRNA）。第二年，这两位科学家确证，snRNA 是细胞核内一种叫做"剪接体"的蛋白质 –RNA 复合体的必要成分之一，这种"剪接体"的功能，就是把刚刚转录出来的 mRNA"毛坯"中的内含子都切掉。这样，RNA 剪接的第一个机制被发现了。切赫后来发现的 RNA"毛坯"自剪接，只是人们发现的 RNA 剪接的第二个机制。

没多久，斯泰茨领导的研究小组又发现，那种最早发现的snoRNA，同样在 RNA 的剪接中扮演了重要的角色，只不过，它负责剪接的不是 mRNA，而是 rRNA。那么，这些 snoRNA 是怎么来的呢？ 1993 年，斯泰茨小组得出了一个颠覆性的结论：绝大多数的 snoRNA 居然是由内含子表达的！原来，那些从mRNA"毛坯"中切下来的内含子 RNA 并不都是废物，它们对于 RNA 的加工起着至关重要的作用，就好比是使臣和教师在履行职责之前替他们整饰外貌的美容师。到了这个时候，人们终于不得不放弃先前那种把非编码 DNA 全当作"垃圾 DNA"的浅陋看法了，因为这些非编码 DNA 很可能也是基因，只不过这些基因的表达产物不是蛋白质，而是 RNA 罢了。

进入 21 世纪，小分子 RNA 的研究越来越热门，它的功能越发现越多。比如 2002 年发现小 RNA 居然可极大地控制染色质的形状。到今天，即使是最保守的分子生物学家，也不得不把RNA 抬到和 DNA、蛋白质一样高的位置。他们意识到，就算还把最早发现的 RNA 转录、蛋白质翻译这些细胞活动看成整个生命活动的重头戏，可是为了保证这些重头戏的完成，细胞也还需要进行许多琐碎工作,这正应了一句俗话——"红花也需绿叶衬"。由非编码 DNA 制造的小分子 RNA，正是从事这些琐碎工作的工人。皇帝的废话看来并不如人们想象中的那么"废"，看似随口的几句话，原来也是对美容师们的训示啊！

还有一些分子生物学家——比如澳大利亚的约翰·马蒂克（John S. Mattick）——更是大胆地假设在基因调控的整个过程中，RNA才是主角，蛋白质反而是配角，就像二者在核糖体中表现的那样。他们认为，上一章介绍的以蛋白质为主导的基因调控看上去似乎又精密又完美，可是实际上还有更多的调控过程需要RNA的参与。如果说蛋白质像宇宙中显眼的亮物质，那么RNA就像虽然不显眼，却在宇宙运转中起着更大的作用的暗物质。随着RNA研究的不断深入，这一假说得到的支持也越来越多。

非编码DNA的价值还不仅仅是这些，它在生命演化中也起着重要的作用。很早就有人意识到，那些本来从不会表达成蛋白质的DNA片段包含了丰富的序列。一旦生物体发生基因突变，让这些DNA片段也能被翻译出来，往往就会有新结构的蛋白质诞生。尽管这样的突变在多数情况下有害，但在众多的突变个体中，说不定就会有一个，它体内这些新结构的蛋白质可以歪打正着地让生命活动变得更有效率。这样通过繁衍后代，这种决定新蛋白质的基因便可以代代流传，并且逐渐普及开来。这就好比说，有时候皇帝发现，他说的废话里面原来也闪烁着智慧的火花，于是就把这些废话仔细润色一下，便成了新的旨意。于是，原本的非编码DNA，摇身一变成了新的基因，物种便因此得到了进化。

还有些RNA甚至可能直接控制了进化的过程。比如2006年，美国的豪斯勒（David Haussler）等人就发现，人类20号染色体上有一个名为HAR1的基因，在大脑新皮质的胚胎发育过程中表现活跃，其表达产物是一段100多个碱基长度的RNA。这个基因所处的染色体区域恰恰是人类和黑猩猩分离以后进化速度最快的染色体区域之一，这就不由得让人怀疑，我们今天能有比黑猩猩发达得多的新皮质，能有地球上独一无二的智慧，这种RNA很可能立下了汗马功劳！

最后还要提及的是，小分子RNA的研究不仅带动了DNA的研究，也带动了蛋白质的研究。比如在2005年，美国的拉明·

西哈塔尔（Ramin Shiekhattar）等人就发现，snRNA 在刚被转录出来的时候，同样也是个"毛坯"，需要在一种叫"综合机"（integrator）的蛋白质的帮助下，才能变成成熟的 snRNA。令人惊奇的是，综合机的序列和结构此前从未在别的蛋白质中发现过，对科学家来说是全新的。综合机的发现，不仅让人们认识了一类新的蛋白质，而且一下子又揭开了好几个基因的秘密。这样的例子相信以后会越来越多。

先有核酸还是先有蛋白质

其实，在尊崇 RNA 的人里面不光有分子生物学家，还有进化生物学家，他们的看法更惊人：RNA 的祖上其实比现在阔多了，它们才是最早的皇帝！

为什么他们会有这样的想法呢？这与进化生物学上一个著名的问题有关。这个著名问题就是——先有核酸还是先有蛋白质？

乍一想，蛋白质是由核酸翻译合成的，似乎应该先有核酸。

DNA 为何是比 RNA 更好的遗传信息载体？

第一章已经介绍，RNA 和 DNA 在化学成分上有两个区别：其一，RNA 中的糖是核糖，DNA 中的糖则是脱氧核糖，其分子比核糖少了一个氧原子；其二，U 是 RNA 中独特的碱基，它在 DNA 中被分子和它相近的 T 代替。

也许正是 RNA 和 DNA 中糖分子的这点差别，决定了 DNA 是比 RNA 更好的遗传信息载体。因为 RNA 中多出来的那个氧原子可以产生额外的活性，核酶之所以有自剪接的本事，和这个氧原子有分不开的关系。这种活性虽然对生物体有别的好处，却不利于遗传信息的忠实复制，因为它可能导致基因平白无故地丢掉一段，结果造成重大遗传缺陷。DNA 没有这个氧原子，所以在复制时不会发生随意丢失片段的事情。这应该就是 DNA 在后来取代 RNA，成为绝大多数生物的遗传信息载体的原因之一。

可是，无论是 DNA（或 RNA）的复制还是 DNA 的转录，都需要有作为酶的蛋白质帮助完成；即便是 RNA 的翻译，虽然起核心作用的是 rRNA，但也需要核糖体蛋白质的协助。这样看来，又应该是先有蛋白质了！

要想解决这个"怪圈"，看来只有两种可能：一是发现核酸自身可以像酶一样催化一系列的生物化学反应，二是发现蛋白质可以像核酸一样充当遗传信息的载体。无论哪种情况，都只有一类大分子"自力更生"，包办了生命繁衍的所有重头戏，另一类大分子不过是后来新找的助手罢了。

上面讲到，在 1981 年，人们果然发现了具有催化作用的 RNA。正是在这个发现的鼓舞下，1980 年诺贝尔化学奖 3 位获奖者之一的沃尔特·吉尔伯特，在 1986 年正式提出了"RNA 世界"假说。吉尔伯特认为，地球上最原始的生物只有 RNA，同时充当着遗传信息记录者和生化反应促进者的角色；DNA 和蛋白质都是后来才加入到生命系统中的，一个专司遗传信息记录，一个主攻化学反应催化，而且干得比 RNA 更出色，原本辛辛苦苦的 RNA 才"退居二线"。还沿用我们前面一直在用的那个比喻：本来帝国的统治阶级里只有 RNA，皇帝也是他，使臣也是他，官吏也是他。但是 RNA 觉得这样太累，后来就甘愿让 DNA 替他当皇帝，又把蛋白质培养起来，替他干各种杂活了。直到不久以前，它还在一边干活一边窃笑我们目光短浅，竟没有看穿它的高贵身份呢！

严格说来，"RNA 世界"假说最早是由美国微生物学家卡尔·乌斯（Carl R. Woese）在 1967 年提出的，但直到吉尔伯特在 20 年后旧事重提，它才真正成为生物学家们热情关注的重大问题。人们果然陆续找到了一些支持这个假说的证据，其中有两个证据是突破性的。

一个是上文已经提到的：人们发现核糖体中真正起催化蛋白质合成作用的是 rRNA，而不是蛋白质。我们可以这样理解这个发现："退居二线"的 RNA，并不愿意把帝国的全部重要事务都交给别人来完成，对于像"教导"蛋白质"成材"这样的重要工作来说，它们仍然宁可亲自上阵。

到了 1996 年，美国的戴维·巴特尔（David P. Bartel）等人又发现了可以催化 RNA 合成的 RNA。他们是运用了一种叫 SELEX 的技术找到这种 RNA 的。SELEX 的中文全称是"指数富集配基的系统进化"。它的名字听上去很拗口，其实原理很简单：首先合成数以万亿到亿亿计的一定长度的 RNA 分子，这些小分子 RNA 的序列完全是随机的，什么样的都有。然后把任意一种物质的分子（可以是核酸、蛋白质、糖类等大分子，也可以是染料、

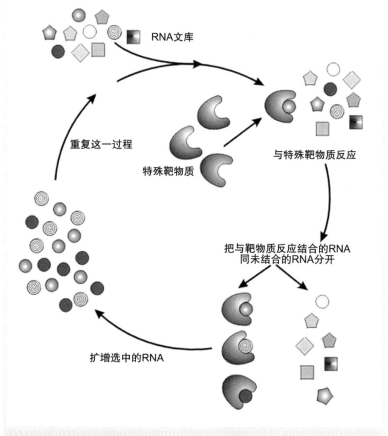

图 4.8　SELEX 过程示意图

在分子生物学中，"文库"是指一系列可以"克隆"（复制）的核酸序列的集合，每一种核酸序列都相当于文库中的一篇"文章"。图中提到了 RNA 文库，下一章我们还会碰到 DNA 文库。（引自德国马克斯·普朗克分子遗传学研究所网站 *molgen.mpg.de*）

毒素、杀虫剂等小分子）扔进这个RNA的"海洋"，往往会有那么一些RNA，可以和这些分子紧密结合，亲如一家。把这些RNA分子挑出来，复制上几万亿到几亿亿份，便可以再次进行"海选"……如此反复操作，最终可以筛出和这种分子最如胶似漆的RNA，它往往会有一些意想不到的功能。不难看出，这个过程和前一章提到的B淋巴细胞的DNA重排，有异曲同工之妙。

巴特尔就是这样"海选"出了一种长98个碱基的RNA，可以根据事先提供的模板RNA，在另一段RNA上添加新的碱基。虽然这种简陋的核酶最多只能添加6个碱基，但它毕竟证明，可以催化RNA合成的RNA也是存在的。最原始的生命应该就是利用这种催化自身复制的RNA，完成了传宗接代的全部过程。

很多酶要起到催化作用，依赖的是一些特殊的小分子或原子，比如维生素B1分子，或是铁、镍等金属原子。显然，RNA如果要起到相同的催化作用，也必须具备利用这些小分子或原子的本领。2013年，加拿大的迪潘卡尔·森（Dipankar Sen）研究组经过6年潜心研究，还真发现了能够和维生素B1分子结合的RNA，它做的事情和现在那些与维生素B1分子结合的酶一样，都可以催化生物体内一种重要的反应——从原料分子中分离出二氧化碳分子的反应。RNA世界的面貌，就这样慢慢变得越来越清晰了。

第五章
公私竞争成伟业 天书字字得誊清

随着科学家对基因本身和基因调控、个体发育过程越来越了解，他们发现，一个基因组里的基因，数目要比原先想象的多得多。让我们最后一次使用皇帝和官吏的比喻——很多官吏的职位平时是空缺的，但是一旦帝国出了什么大事，需要这些特殊人才了，皇帝就会临时降旨，要官吏学校速速培养。显然，要全面了解这个庞大的统治系统，光像以前那样，只注意那些始终活跃的普通官吏是不行的，必须连那些平时轻易见不到的特殊官吏也一并记录在案，因为他们同样是保证帝国正常运转的重要力量。

这样，在 1986 年，美国的雷纳托·杜尔贝科——也就是前面提到过的 1975 年诺贝尔生理学或医学奖得主之一——就率先呼吁，应该全面了解人类基因组，这样至少可以揭示清楚肿瘤的起因，把人类带出这种超级病魔的阴影。由此正式提出了伟大的"人类基因组计划"。

杜尔贝科的呼吁，一开始虽然也招致了一些反对意见，但毕竟代表了更多生物学家的心愿，所以只过了一年，美国国会就批准了这个计划。1990年，人类基因组计划正式启动，由美国国立卫生研究院（英文缩写为NIH）和美国能源部共同主持，它的目的是要测定人类基因组的全部碱基序列，找出全部

图 5.1 人类基因组计划图标

的基因，绘出最详细的染色体图谱。说得再明白点儿，如果把人类基因组比作一本微雕书的话，这个计划的目的就是要借助一把合适的放大镜，把这本微雕书的全文用人人可以看清的字体誊抄出来；只有这样，破译这本书内容的工作才能更容易开展。分子生物学历史上新的一幕，由此缓缓拉开了。

严格地说，人类基因组计划稍微有点儿名不副实，因为在这个计划中打算全面了解的不光是人类的基因组，还有大肠杆菌、酵母、线虫、果蝇和小鼠的基因组。这5种生物的大名，在前面的章节中已经多次提到过了，在人类认识基因的历程中，它们起了至关重要的作用。现在之所以要一并揭示它们的基因组的秘密，正是为了能和人类基因组相比较，避免我们对自己体内这本微雕书"不识庐山真面目，只缘身在此山中"。

在计划刚刚启动的时候，科学家们预计需要用15年时间才能全部完成。15年在人类历史的长河中只是短暂的一瞬，但正是在这短暂的一瞬中，却有成千上万的人因为患上肿瘤之类的绝症而撒手人寰。一想到晚一天完成计划，就会有更多的人在无助中离世，全世界的科学家们便都迫不及待地来联手做这项伟大的"抄写员"工作。虽然，直接负责测序的国家只有6个——包括美国、英国、法国、德国、日本，以及在1999年最后一个加入

图 5.2 文特尔

（引自美国约翰·霍普金斯大学医学院
网站 hopkinsmedicine.org）

的中国，但是参与计划其他各方面工作的国家却多达十几个。

在计划开始实施的前 9 年时间里，虽然应用的技术不断在改进，但是总体进展总有点儿不温不火。转机发生在 1999 年，这一年，美国一位"民间"生物学家克雷格·文特尔（J. Craig Venter）宣布要独立誊清人类基因组，而且要比人类基因组计划提前完成。当时，文特尔是一家名叫塞雷拉（Celera）的生物技术公司的总裁，这家公司就是为了文特尔的计划才成立的。

乍一看，这个文特尔好像在说大话——别人测了 9 年时间，你这才刚开始，能赶上吗？可是，对文特尔知根知底的人，都不敢小觑他的能力。这位越战老兵出身的商人，曾经也是 NIH 的一员，他头脑灵活，敢于创新，还是在 20 世纪 80 年代，就因为不满于传统基因识别方法蜗牛般的速度，大胆地将计算机技术用于基因识别，结果让识别速度提高了上千倍。可是，文特尔的这个创新却遭到 NIH 里对新技术还不那么有信心的其他科学家的怀疑。文特尔一怒之下，就辞职下海了。

当时，人类基因组计划的测序方法还是循规蹈矩的"三级粉碎"法：先把每条染色体打成小段，绘制一幅最草的基因组草图；然后把每一小段再打成小块，绘制出精密度稍高的草图；最后把每一小块再打成可以用桑格法测序的小片段，绘制出最精密的序列图。文特尔觉得这是蜗牛般的速度，他采用了另一个有点儿冒险的方法：直接把整个染色体打成许多可以测序的小片段，测完序之后，用高速的计算机和高效的程序，直接把这些小片段准确拼合起来——这就是所谓"鸟枪"法。事实证明，只要计算机够快，程序够出色，鸟枪法测序的准确度并不亚于"三级粉碎"法。

可是，和人类基因组计划的纯公益性质不同，文特尔想把他测得的基因序列申请专利，这样其他任何人想研究这个基因，都得给他付钱。

文特尔的挑衅激怒了 NIH 的科学家，他的快速测序方法更让他们感到了前所未有的危机。为了在这场激烈的"抄写竞赛"中不败给对方，NIH 被迫放弃了原来的"三级粉碎"法，改而采用一种改进后的鸟枪法。文特尔和 NIH 之间的竞争惊动了美国政府，在当时的美国总统比尔·克林顿的斡旋之下，双方最终达成协议，共同发布测序成果。2000 年 6 月 26 日，克林顿在白宫举行记者招待会，宣布人类基因组草图已经完成，当时文特尔和人类基因组计划的总负责人弗朗西斯·科林斯（Francis S. Collins），都站在他身边。

不过，在这场"抄写竞赛"中笑到最后的人，看来还是 NIH 的科学家。早在 2000 年 3 月，克林顿就已经宣布，人类基因组是全人类的财富，不得拿它申请专利。消息刚一公

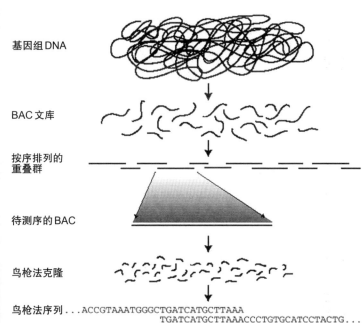

基因组 DNA

BAC 文库

按序排列的
重叠群

待测序的 BAC

鸟枪法克隆

鸟枪法序列 ...ACCGTAAATGGGCTGATCATGCTTAAA
　　　　　　 TGATCATGCTTAAACCCTGTGCATCCTACTG...

组拼完成 ...ACCGTAAATGGGCTGATCATGCTTAAACCCTGTGCATCCTACTG...

图 5.3　改进的鸟枪法

　　人类基因组计划后来采用的改进的鸟枪法叫做"分级鸟枪法"，兼具原来的"三级粉碎法"和文特尔的原始鸟枪法的特点。完整的染色体先被切割成许多片段，这些片段构成一个"重叠群"。在确定了这些片段在染色体上的位置和彼此的重叠、衔接关系之后，仿照细菌中的质粒（细菌中的一种环状 DNA 分子，对它的介绍详见下一章）上的基因结构，在这些片段前后加上必要的基因，做成"细菌人工染色体"（英文缩写为 BAC），这样就构建出了一个 BAC 文库。每一个 BAC 都可以在细菌体内大量克隆，然后用鸟枪法测序。所有的 BAC 都测序过之后，再按照最初确定的衔接关系把它们的序列连接起来，就得到了整条染色体的序列。（引自《自然》杂志网站 nature.com）

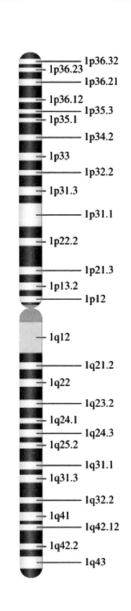

布，塞雷拉公司的股票价格便一泻千里。2002年，公司董事们在绝望中解雇了文特尔。2006年1月，人类23条染色体中最后也是最大的一条——1号染色体的测序工作全部完成，历时16年的人类基因组计划终于画上了圆满的句号。

不过文特尔真不愧为旷世奇人，此时他另建公司，打算绘制全世界微生物的基因组图，并寄希望从中找到开发新能源的方法。他仍然在一次次地制造新闻热点。

人类基因组探秘

人类基因组计划的实施，大大加深了人们对人类基因的认识。一个重要的问题就是：人类基因组一共有多少个基因？

在上一章的最后我们已经知道，基因可以分为两类：一类表达为蛋白质，一类表达为功能RNA。在人类基因组计划刚开始的时候，前一类基因的数目据估计为10万左右。到这一项目结束的时候，人们才发现这个数字高得离谱，准确的数目应该是3万左右，仅是线虫和果蝇的2倍、酵母的5倍。而且，这些编码蛋白质的片段在整个基因组中的比例不超过3%，可是能够转录为RNA的DNA却占到了基因组的93%。如果在这93%的DNA中只有不到3%有功能，为什么另90%的多余转录过程没有在进化中淘汰掉呢？看来最合理的解释就是，这90%的DNA中有很多是表达功能RNA的第二类基因，而且恐怕也有不菲的数目。这也是支持RNA在生命活动中占主导的假说的重要证据之一。

图5.4 人类1号染色体的分区

运用一些特殊的染色技术，可以把染色体染出明暗不等的带纹。人们给人类染色体上的每一段带纹都编了号，规则是这样的：最开始的数字代表染色体的序数；之后的字母如果是 p 就代表短臂（法文 petit "矮小"的意思），q 则代表长臂（因为它是 p 的下一个字母）；再后面的数字代表染色体的"区"，最后的数字则代表每一个区再细分成的"带"，区号和带号用小数点隔开。因此 1p36.32 就代表 1 号染色体短臂第 36 区的第 32 带。为简明起见，图上并未画出 1 号染色体全部的区带。

不过，就是对这 3% 的 DNA 的发掘，也足以解开许多生命之谜。限于篇幅，这里只能先介绍两个有趣的例子，更多的例子留到后面再说。

第一章已经提到，人和果蝇一样，都是由 XY 染色体决定性别的，XX 是女性，XY 是男性。但是，偶尔也会有一些人，他们的性染色体组合是别的情况，比如 XXY、XYY；甚至还有人只有一条 X 染色体，这在遗传学上用 XO 代表（O 表示缺少一条染色体）。人们发现，只要有 Y 染色体，不管是正常的 XY 还是不正常的 XXY、XYY，都会发育成男性；只要没有 Y 染色体，不管是正常的 XX 还是不正常的 XO，都会发育成女性。

如何解释这个现象呢？在 20 世纪 40 年代，法国内分泌学家阿尔弗雷·若斯特（Alfred Jost）猜测，向女性看齐其实是人类性别发育"默认"的方向，而男性之所以会成为男性，只不过是 Y 染色体上的某个（或某些）基因力挽狂澜，扳动了性别发育的道岔而已。

若斯特当然不能用人来证明这一点——否则就和纳粹德国、法西斯日本的兽行毫无二致了。于是他用兔子作实验对象。若斯特把一只成年雄兔的睾丸"嫁接"到另一只雌兔胚胎的一侧卵巢上，结果这只胎兔的生殖器发生了戏剧性的变化：受睾丸影响的一侧发育了雄兔才有的附睾、输精管、精囊腺等器官，而不受睾丸影响的另一侧则照例发育了雌兔特有的输卵管和子

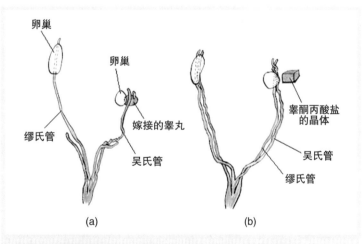

图 5.5 若斯特实验图解

(a) 把一小块睾丸组织嫁接到胎兔的一侧卵巢之上，则这一侧的缪氏管（输卵管等雌性性器官的前身）退化，吴氏管（输精管等雄性性器官的前身）发育。另一侧不受影响，吴氏管退化，缪氏管发育。*(b)* 把一块睾酮丙酸盐晶体（睾酮可以促进哺乳动物的性成熟）置于胎兔的一侧卵巢附近，胎兔雄性性器官的发育并不受影响，说明睾丸中起作用的不是睾酮，而是别的物质。（引自法国国立教育研究院网站 *inrp.fr*）

宫。看来，睾丸中一定有一种什么物质，可以对邻近的胚胎细胞进行调控，把制造雄性性器官的基因打开，把制造雌性性器官的基因关闭。若斯特把这种物质称为"睾丸决定因子"，英文缩写是 TDF。

之后，人们便开始努力寻找这种 TDF，以及制造它的基因。工夫不负有心人，1990 年，英国的彼得·古德菲洛（Peter N. Goodfellow）等人终于在小鼠和人的 Y 染色体上找到了一个共有的基因，只要这个基因发生突变，或者干脆丢失，即使有 Y 染色体的小鼠也会发育成雌性，他们给这个基因起名为 SRY。SRY 基因可以编码一种蛋白质，这种蛋白质可以与 DNA 结合，启动那些最终制造出雄性性器官的基因。显然，这种蛋白质就是 TDF。

不过，事情并没有这么简单。后来人们又发现，SRY 并不是一个所向披靡的霸主，在 X 染色体上，还有好几个基因，可以与之对抗，顽强地维护着生物体向雌性发育的道路。比如后来又在 X 染色体上发现一个叫 Dax1 的基因，当它过量表达时，反而可以让雄性"逆转"为雌性。但是，在 2003 年，美国的乔舒亚·米克斯（Joshua J. Meeks）等人又发现，Dax1 其实并不能帮助雌性生殖器官的形成，恰恰相反，它和 SRY 一样，都在为睾丸的制造出力。本来齐心协力的两个基因，为什么会闹起这么大的矛盾呢？这个有趣的问题还有待人们的继续探索。

说过了性别，再来说说味觉。生理学家早先认定，人舌头上的味蕾细胞能感受到四种基本味觉——甜、酸、咸、苦。其他的种种味觉，都不过是这四种基本味觉和痛觉、触觉等其他感觉的综合。后来又发现，不光是舌头，口腔的其他部位（比如上颚）甚至咽部，也有味觉细胞分布。曾经有一种流行的观点认为，舌头的不同部位，对于四种基本味觉的感受能力也不一样，比如舌尖对甜味最敏感，舌两侧对咸味最敏感，最能察觉苦味的则是舌根，等等。然而，这实在是一个教科书级别的错误。事实上，舌头任何地方对四种基本味觉都有相同的敏感性，并无差异。

神经学家也发现，负责味觉传递的神经有 3 对，它们是面神

经、舌咽神经和迷走神经（当然，它们还有别的功能）。味觉细
胞一旦感觉到味道，就会把这感觉报告给这 3 对脑神经。3 对神
经再以风驰电掣般的速度向大脑发"电子邮件"，大脑对"电子
邮件"一分析，我们就感到味道了。

但是，分子生物学家并不满足于这些常识，他们更想知道味
觉感受的分子机制是怎样的。人体信号传导途径的发现，让这个
问题的回答初见眉目。人们很自然地猜测，在味觉细胞的细胞膜
上，应该有能和各种味觉分子结合的"迎宾官"蛋白质——味觉
受体。既然人的基本味觉有 4 种，那么味觉受体也应该有 4 种。
正是它们，在和这些分子结合之后，向细胞内发出了信号，最终
这信号便会传导给那 3 对脑神经。

该怎样寻找这些味觉受体呢？前面已经说过，DNA 的测序
比蛋白质更容易，所以美国的查尔斯·祖克（Charles S. Zuker）
决定先找编码味觉受体的基因。他弄来了一些对甜味感觉程度不
同的小鼠，提取出它们的基因组，然后进行比较，看看在什么地
方不同——不同的地方很可能就有要找的基因。1999 年，祖克
等人果然在小鼠基因组中找到了两个基因，其功能肯定和味觉感
受有关。他们把这两个基因称为 T1R1 和 T1R2，其中的 T 是英
文 taste（味道）的缩写，R 则是英文 receptor（受体）的缩写。

既然小鼠基因组中有味觉受体基因，人类基因组中肯定也
有。2000 年，祖克等人在人类基因组中先发现了一个包括有数
十个基因的基因家族，它们大多位于 7 号和 12 号染色体上，功
能是编码各种苦味受体。他们把这个基因家族叫做 T2R。2001
年，T1R1 和 T1R2 也在人类的 1 号染色体上找到了。T1R2 的确
是编码甜味受体所需的两个基因之一，但另一个却不是原先以
为的 T1R1，而是同样位于 1 号染色体上的又一个基因，命名为
T1R3。后来，酸味受体和咸味受体也被发现了，原来它们不过
是早已发现的两种叫"质子通道"和"钠通道"的蛋白质。

那么，T1R1 的作用是什么呢？ 2002 年，祖克等人惊讶地发
现，T1R3 并不是只有一种用途，它和 T1R1 合起来，可以编码
一种感受氨基酸鲜味的受体。原来，4 种基本味觉的传统观念并

不正确！从此，鲜味就被认定是人类第五种基本味觉了。

事情到这里还没有完。2005 年，法国的菲利普·贝斯纳（Philippe Besnard）领导的研究小组又发现了一种新的味觉受体，可以感受油脂分子。他们认为这表明，人类还有第六种基本味觉——油味。不过到目前为止，油味是否也是基本味觉，在学界

甜 味 剂

既然人类只有一种甜味受体，那么只要是能和这种甜味受体结合、引发神经冲动的物质，都可以让人感到甜味。这些物质可以有完全不同的化学成分，其甜度也是千差万别。

最常见的甜味物质当然是糖类。糖类之所以具有甜味，是因为它的分子中具有多个叫做"羟基"的结构。木糖醇虽然不是糖类，但因为分子中也具有多个羟基，所以也有甜味。但是这并不是说，只要是具有多个羟基的分子就一定会让人感到甜味。像淀粉的分子中也有大量的羟基，但它却完全没有甜味。

有一种物质叫做乙酸铅，它也具有甜味，所以俗名"铅糖"。2 000 多年前的古罗马人发现，把微酸的酒在铅制器皿中加热，或者直接把铅粉加入酒中，可以使之变得香甜可口。用今天的化学知识来说，这正是因为铅粉和酸酒中的乙酸（也就是醋酸）反应生成了乙酸铅。然而，和很多铅化合物一样，乙酸铅会造成人体的铅中毒。古罗马贵族很多都短寿，一个重要原因就是因为他们过分嗜好含铅的酒。

糖类虽然有怡人的甜味，但过多摄入会令人发胖；另一方面，对于糖尿病（详见第六章介绍）病人来说，也必须控制他们饮食中的含糖量。这促使人们努力寻找甜度比糖类更高、却不会产生热量的物质，这些用来代替的甜味物质就叫做甜味剂。最早广泛使用的甜味剂是糖精，它是一种含硫的化合物，甜度是蔗糖的 500 倍。由于人们发现糖精对小型哺乳动物有致癌作用，它在美国一度被限制使用，不过后来进一步的研究却表明，这种致癌作用对包括人类在内的中大型哺乳动物几乎不存在。

但是糖精的甜味并不完美，它在口中会产生苦的余味，而且还有其他副作用，现在正规的厂家已经使少使用了。不过糖精分子独特的含硫结构却启发了人们合成一系列的类似化合物。现在广泛使用的安赛蜜就是其中一种，它的甜度是蔗糖的 200 倍。此外，还有一种叫"阿斯巴甜"的物质，实际上和蛋白质是一类化合物，它的甜度是蔗糖的 150 倍，也是现在用得比较多的一种甜味剂。

还存在争论。

找到了编码各种味觉受体的基因之后，人们自然会进一步发问：为什么编码苦味受体的基因这么多呢？

现在，轮到进化生物学家出场了。他们指出，甜味和鲜味受体可以愉悦地提示人类："你吃到了糖或蛋白质！"这2种物质正是人体必需的营养物质；酸味和咸味受体则严肃地提醒人类："你要注意体内的酸碱平衡和电解质平衡！"这是保持健康必不可少的条件。而苦味受体却大声地警告人类："哎呀，你吃到了不能吃的东西！"比起能吃的东西来，不能吃的东西种类要多得多，所以需要多种苦味受体来识别它们——这就是编码苦味受体的基因如此众多的原因。

"末日"基因库

2008年2月，在北纬78°的挪威斯瓦尔巴（Svalbard）群岛，举行了一场开幕式，庆祝"末日种子库"正式启用。在冰天雪地中建成的这座种子库的任务，是为全世界保存农作物的基因，以便在全球环境极度恶化、"末日"来临的时候，幸存的人类还能有粮食吃。

其实，类似的"末日"基因库，分子生物学家们早就开始建设了。上文提到，比利时的菲尔斯小组在1976年测定了噬菌体MS2的全部基因序列，这便是人类誊清的第一个基因组。1977年，桑格小组又誊清了第一个DNA病毒的基因组。但是到1990年人

图5.6 斯瓦尔巴"末日种子库"的入口

（引自 boston.com 网站）

类基因组计划启动的时候，人们手头仍然只有病毒的基因组数据，还没有任何一种细胞生物的基因组被全部测序。原因其实也很简单——因为细胞生物的基因组太庞大了，以当时的技术水平，即便是测定支原体这种最简单的细胞生物的基因组，也需要大笔的经费和人力物力。

不过，人类基因组计划启动之后，这个问题就迎刃而解了。上面已经提到，在人类基因组计划中，除了人类基因组，一同要测序的还有 5 种重要的实验用生物的基因组。完成这 5 种基因组的誊清工作的时间，都比人类基因组早：1996 年，抄完酵母基因组；1997 年，誊毕大肠杆菌基因组；1998 年，线虫的基因序列面世；2000 年，果蝇的基因序列公布；2002 年，小鼠的基因组图谱也绘制完成了。

不光是这 5 种生物，在人类基因组计划的执行过程中，人们"顺便"又测定了其他许多生物的基因组序列。

1995 年，也就是酵母基因组序列测定的前一年，人们先拿到了流感嗜血杆菌的基因组全图。这种能够引起儿童致命性肺炎和脑膜炎的细菌，也因此"抢先"成为第一种全部测序的细胞生物。同一年，人们还拿到了能引起非淋菌性尿道炎的生殖道支原体的基因组全图。1996 年，詹氏甲烷球菌测序完毕，这是第一种全部测序的古核生物。1997 年测序完成的有枯草芽孢杆菌（一种重要的益菌，可以用于杀灭某些引起植物病害的真菌）、伯氏疏螺旋体（能引起莱姆病）和幽门螺杆菌（能引起胃溃疡）等。1998 年测序完成的则有结核分枝杆菌（能引起肺结核）、普氏立克次体（能引起斑疹伤寒）、沙眼衣原体和梅毒螺旋体等。

1999 年以后，由于鸟枪法测序的普遍应用，基因组测序的速度越来越快了，每年我们都能拿到十几本到几十本满载着生物奥秘的密码书（这还没算病毒）。下面就列举 2000—2013 年完成测序的一些重要生物：

2000 年：霍乱弧菌，脑膜炎双球菌（流脑的病原体），拟南芥（第一种测序的植物）；

2001 年：麻风分枝杆菌，鼠疫耶尔森氏菌，根癌土壤杆菌（一种重要的基因工程细菌），肺炎链球菌；

2002 年：青枯菌（一种重要的农作物病菌），恶性疟原虫和鼠疟原虫（人类恶性疟疾和小鼠疟疾的病原体），冈比亚疟蚊

生物的学名

现有的生物学名命名法是 18 世纪瑞典著名博物学家卡尔·冯·林奈（Carl von Linne）建立的。林奈采用拉丁语（古罗马帝国的官方语言，法语、西班牙语、意大利语等现代语言的前身）为生物命名，原因之一是拉丁语在当时已经是一种"死"语言，不会再有词义的变迁，所以用拉丁语命名可以避免因词语歧义而造成的混乱。在正规的学术文章中，如果要准确提及某个物种，通常必须提供其学名，而且学名总是要用斜体字母表示。

所有的物种学名都由两个词构成，第一个词是属名（什么是属详见第十章），第二个词叫做"种加词"。粗略来说，属名和种加词类似于姓和名的关系。例如黑腹果蝇的学名是 *Drosophila melanogaster*，第一个词是属名，意为"喜欢露水的"，指这一类昆虫嗜食腐烂果实渗出的液汁；第二个词是种加词，意为"黑腹的"，指这个物种的雌体个体腹部有黑色条纹。而在中国最常见的一种猴类猕猴的学名是 *Macaca mulatta*。

由于学名往往较长，在分子生物学文献中常常使用简写，方式是只取属名的第一个字母，后面加一个英文句点，用来代替属名。例如，果蝇学名的简写是 *D. melanogaster*。

图 5.7 猕猴

学名为 *Macaca mulatta*，也叫"恒河猴"，是我国最常见的一种猴类。猕猴常常被用作神经生物学实验对象，因为它和人类一样属于灵长目，在哺乳动物中有最发达的大脑皮层，所以在猕猴身上所做的实验有助于我们理解人类大脑的功能。

（疟疾的传播昆虫），水稻（第一种测序的农作物）；

2003年：SARS病毒（"非典"的病原体），炭疽芽孢杆菌，蜡样芽孢杆菌（一种能引起严重食物中毒的细菌），粗糙链孢霉，玻璃海鞘（最低等的脊索动物之一）；

2004年：家蚕，黑青斑河豚（已知基因组最小的脊椎动物），鸡（第一种测序的鸟类），大鼠；

2005年：痢疾志贺氏菌（最常见的引起痢疾的细菌），利什曼原虫（黑热病的病原体），非洲锥虫和美洲锥虫，痢疾内变形虫（变形虫痢疾的病原体），狗，黑猩猩；

2006年：四膜虫，毛果杨（第一种测序的树木），蜜蜂，海胆；

2007年：阴道毛滴虫（滴虫性阴道炎的病原体），葡萄，埃及伊蚊（黄热病和登革热的传播者），南美负鼠（第一种测序的有袋类哺乳动物），马，猫，猕猴；

2008年：小立腕藓（第一种测序的苔藓植物），间日疟原虫（另一种重要的人疟疾病原体），赤拟谷盗（一种重要的农业害

图5.8　拟南芥

学名为 *Arabidopsis thaliana*，也叫"鼠耳芥"，在中国也有野生分布。拟南芥生长周期短，种子多，因此使之和果蝇、线虫、小鼠一样，成为理想的分子生物学实验对象。现在人们对很多植物基因的了解，最初就是通过以拟南芥为材料的实验获得的。（引自中国植物图像库网站 *plantphoto.cn*）

虫）；

2009 年：致病疫霉（马铃薯晚疫病的病原体），大堡礁海绵（一种极为原始的动物），双孢蘑菇，黄瓜，高粱，玉米，非洲象，牛；

2010 年：终极腐霉（一种常见的植物致病菌），非洲爪蟾（第一种测序的两栖动物），大熊猫，小球藻，大豆，苹果；

2011 年：绿安乐蜥（第一种测序的爬行动物），江南卷柏（第一种测序的拟蕨类植物），番茄，大白菜，大麻，大桉（一种桉树），火鸡，猩猩；

2012 年：小麦，大麦，粟，香蕉，西瓜，甜瓜，木薯，大狐蝠，宽吻海豚，西部大猩猩，倭黑猩猩，猪，茯苓；

2013 年：无油樟（最"原始"的被子植物），欧洲云杉和白云杉（最早测序的裸子植物），莲，甜菜，橡胶树，节节麦（小麦的近亲植物），绿头鸭，非洲狮，东北虎。

不难发现，优先被测定基因组序列的，很多都是和人类有重大利益关系的生物。这也难怪，为了能够尽快运用基因技术，解决从传染病防治直至粮食增产等种种困扰人类发展的问题，我们不得不先从和我们关系最密切的生物下手。不过，这并不表示我们"歧视"别的生物，总有一天我们会把成千上万的生物基因组全部誊写出来的。这样，到了"末日"那天，即使这些生物灭绝了，我们也能根据它们的密码书，把它们重新造出来——只要这可怕的一天别来得太早。

想知道你的基因组吗

在各种生物的基因组测序如火如荼地进行之时，科学家对于人类基因组的研究也更深入了。

人类基因组计划测序所用的基因组样本，是来自少数匿名的志愿者。可是，我们知道，每个人的基因组都是不一样的，正是这些差异，决定了不同人的不同体质——有的容易得心血管病，有的容易得癌症，有的容易中年发福，有的一喝牛奶就拉肚子……显然，光知道一小部分人的基因序列是不行的，应该尽可能地把每个基因的各种形式都记录下来，这样才能彻底弄清楚造成人们体质不同的原因。

于是，在2002年，一个更细致的"人类基因组单倍型图计划"又启动了，参与计划的6个国家——美国、英国、加拿大、日本、中国和尼日利亚——雄心勃勃，决心在全球搞一次基因"抽查"，搞清楚不同人群各自的基因组特点。到2005年底，这项计划第一阶段的工作已经圆满结束。

2008年，由美、英、中三国组成的研究小组，又启动了"千人基因组计划"，要从全球挑出至少2 500个人，把他们的基因组全都完完整整地测定出来，从而把全人类最常见的基因形式都登记在案。这个计划是迄今为止最宏大、最高产的测序工作，一位研究人员感慨地说："当全速运行的时候，该计划在两天内产生的数据量，就将相当于当前公共数据库这么多年来所有数据的总和！"2012年，这一计划先发表了1 092个人的基因组数据；2015年整个计划最终顺利完成。

看到这里，也许你要问了："那么我能拥有自己的基因组图谱吗？"答案是肯定的。在2007年时——也就是人类基因组计划完成的第二年——沃森便拿到了他的私人基因组图谱，完成这份图谱只花了不到两年时间和

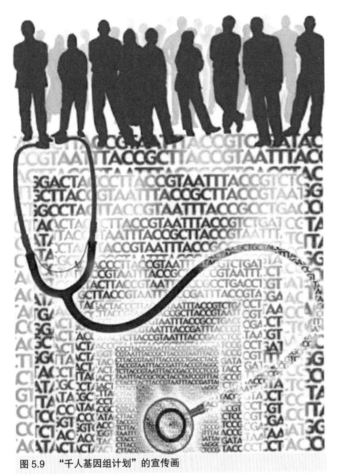

图 5.9 "千人基因组计划"的宣传画

100万美元。给沃森绘制图谱的是一家叫"454生命科学"的生物技术公司，公司总裁乔纳森·罗斯伯格（Jonathan Rothberg）对于将来把个人测序的费用降到1 000美元（约合7 000元人民币）很有信心。不过，率先实现这个目标的并不是他的公司，因为还有两家叫Illumina和Applied Biosystems的公司分别发明了更先进的Solexa和SoLiD测序法，不仅测序速度比"454"公司更快，费用也低得多。不到十年过去，到2016年的时候，还真有一家美国公司打出了"999美元给个人基因组全测序"的广告，而他们用的正是Illumina公司的新测序技术。当然，就和电脑的升级换代总是越来越快一样，1 000美元肯定也不会是个人基因组测序费用的终点。Illumina公司的CEO弗朗西斯·德苏萨(Francis de Souza）就放了狠话，要用更先进的测序技术把这个费用再降到100美元!

　　如今，只要你愿意交钱，完全可以订做一份自己的基因组图谱，这种商业服务已经颇为成熟了。如果你的要求不那么高，不需要拿到整份基因组图谱，只要其中最关键的几个章节，而且希望有人替你初步解读其中的含义，那么这更是和上医院做一次体检一样简单，花的费用连一千元人民币都不到。只要用棉签在嘴里轻轻划几下，把沾上少量细胞的棉签头寄到相关公司，就可以静静等待一份详细的个人基因组报告。报告会告诉你，你的皮肤和头发是什么颜色，是否能尝出某种特别的苦味，是否能够耐受酒精摄入……当然，除了这些不测基因组也能知道的"无聊"信息外，报告还会揭示你的家族从哪里来（详见第十章），是不是更容易患上阿尔茨海默病（俗称"老年痴呆症"）或帕金森病，是不是更容易得乳腺癌，吃某些药的时候是不是更容易产生副作用……

　　乍一想，这样的报告实在有些神奇，而且会让人感到活得不自在——如果你知道了自己很可能在40岁的时候秃顶，或在50岁的时候中风，或在60岁的时候老年痴呆，那会有多打击人!更可怕的是，如果有人偷偷拿走了你的几个细胞（哪怕只是来自你的头皮屑），测出了你的基因组全图，那么你的未来就都暴露在别人眼前了！

　　当然，事实并没有这么可怕。首先，这些分析报告至多只能以概率的形式告诉你未来患上某种疾病的风险性。这是因为在绝大多数情况下，基因不可能完全决定你的未来，你还有非常充分的自由意志来掌控个人的命运。[1] 这样一来，如果你对自己更容易患上的疾病有了心理准备，就可以未雨绸缪，采取必要的预防措施避免坏事发生。其次，如果我们修改法律，对窃取他人基因组的行为进行严厉打击，也许人们对隐私权的认识就能更上层楼。总之，面对新科技的冲击，也许我们大可不必焦虑，而不妨相信"车到山前必有路"——就像这两百年来人类多次遇到的局面一样。

---

　　1. 参阅：《基因组：人种自传23章》和《先天，后天：基因、经验，及什么使我们成为人》。此二书的作者都是 Matt Ridley，由北京理工大学出版社于2003年出版了中译本。

魔剪剪出转基因　工业农业掀革命

第六章

天然存在的"转基因"

看过了前面 5 章，也许你已经快被分子生物学的术语搞得晕头转向了，也许你会在心里想："这和我们的生活有什么关系呢？"

你的想法是有道理的。科学家们从事理论研究工作，虽然第一目的是要探知自然界的秘密，但是把所得的知识用于改善人类自身的生活，也是一项重要的任务。人们对于基因的每一项新发现，最终都能够用到生产生活中来，比如这一章要介绍的基因工程就是一个很好的例子。

今天，大家对于"基因工程"和"转基因"这两个名词都已经不陌生了，可是它们所受的待遇似乎并不一样：一提到基因工程，很多人会联想到整齐的厂房、大型的机器、穿戴统一的工人、忙碌的生产线，最终生产出来的是人人需要的产品。但是，一提到转基因，有些人可能就要变脸色了，因为他们会想到电影里的恶兽、人面羊身的怪胎、能把一切吃光的害虫、无药可灭的超级病菌……总之，转基因绝对不是什么好词。可是，事实真是这样吗？

如果这样说，请你不要惊讶：基因工程的本质，就是转基因。

要说清楚这一点，那就得从天然存在的转基因现象说起了。

前面说过，早在1945年，美国女科学家麦克林托克就发现了在玉米基因组内乱窜的基因。不过，玉米的这些"转座子"再怎么窜，总不会越过玉米基因组的"雷池"。像这样在同一个生物体的基因组内发生的基因迁徙，还不能算是转基因。生物间真正的转基因现象，是1959年在日本发现的。

20世纪40年代末，日本刚刚战败，国内一片萧条，卫生条件很差，痢疾广泛流行，仅1947年一年，就有9 000多人因患痢疾死亡。一开始，人们主要用磺胺类药物来治病，但是到1955年，引起痢疾的痢疾志贺氏菌（通称痢疾杆菌），对磺胺类药物完全产生了抗药性。不过这时候，人们手头已经有了一类新的、更高效的杀菌药物——抗生素。在抗生素治疗下，日本的痢疾流行势头被大大地遏制了，很多人都长舒一口气。

然而，流行病学家们却没有高兴多长时间。1956年，一位研究人员报告说，他们在一位从香港回来的痢疾患者体内分离出来的痢疾杆菌，居然对磺胺、链霉素、四环素和氯霉素都有抗药性，这对于流行病学家们来说，无异晴天霹雳。但是更令人震惊的发现还在后面——第二年，又有人报告说，从痢疾患者体内分离出来的大肠杆菌，居然也能产生多重抗药性！

到1959年，这个奇怪现象的谜底终于揭开了。两位流行病学家秋场朝一郎（Tomoichiro Akiba）和落合国太郎（Kunitaro Ochiai）同时发现，如果把有多重抗药性的大肠杆菌和没有多重抗药性的痢疾杆菌混合培养，一段时间之后，痢疾杆菌也都有了多重抗药性；反过来，如果把有多重抗药性的痢疾杆菌和没有多重抗药性的大肠杆菌混合培养，最后大肠杆菌也都获得了多重抗药的本事。

经过仔细观察，他们确定，决定抗药性的基因是位于这两种细菌染色体DNA以外的一种叫做"质粒"的小形环状DNA分子上，他们管它叫R质粒（R是英语resistance"抗性"的缩写）。

痢疾杆菌和大肠杆菌虽然是两种不同的细菌，可是彼此间却可以"亲密交流"，它们的细胞可以联通在一起。在联通的时候，两个细胞的 R 质粒便可以交流相互的基因，难怪过上一段时间后，所有的细菌会都"共享"同一套多重抗药性基因。

这便是人们发现的第一个天然转基因现象。后来，到 1970 年时，RNA 病毒的逆转录过程也被发现，人们由此知道了第二种天然转基因途径——病毒通过逆转录把自身的基因转到寄主的 DNA 分子里面。1974 年，比利时的马克·范·蒙塔古（Marc van Montagu）和约泽夫·歇尔（Jozef Schell）等人又发现，一类叫做土壤杆菌的细菌，可以把它们的质粒基因像病毒一样整合到寄主

"超级病菌" MRSA

MRSA 是英文"耐甲氧西林金黄色葡萄球菌"的缩写。金黄色葡萄球菌是一种人体致病菌，它可以污染食物，误食者会严重腹泻。它也可以侵入皮肤表面的伤口，造成化脓性感染，甚至败血症。最开始人们用青霉素来对付金黄色葡萄球菌，但它很快对青霉素产生了抗药性，于是人们又用甲氧西林来治疗。但是到 1961 年，在英国又发现了连甲氧西林也可以抵抗的金黄色葡萄球菌，于是命名为 MRSA。实际上，MRSA 可以抵抗所有在分子中含有"β-内酰胺"结构的抗生素，不光是青霉素和甲氧西林，还有头孢类药物等。人们不禁惊呼："超级病菌"来了！

不过，这种"超级病菌"也并非无药可治，另一种不含有 β-内酰胺结构的抗生素万古霉素仍然可以杀死它。但是万古霉素对人体有严重的副作用，所以不到万不得已的时候是不会动用的。然而到了 2002 年，在美国又发现了能抵抗万古霉素的 MRSA。在此之前，人们已经发现了能抵抗万古霉素的其他肠道细菌，它们的抗万古霉素基因也位于 R 质粒上。通过细菌之间的质粒基因"交流"，MRSA 也获得了这个基因，于是变成了更加超级的"超级病菌"。

"超级病菌"的出现，是滥用抗生素的结果。抗生素一般只能对付细菌，它对于其他疾病（比如病毒病）是不起作用的。如果在生病的时候不先去查找病因，而是一开始就不分青红皂白地乱用抗生素，最终不仅不能治病，反而白白地"锻炼"了细菌的抗药性，加快了抗药细菌的出现。欧美国家现在已经对抗生素的使用作出了严格限制，中国也对滥用抗生素的现象采取了相应的措施。

植物的 DNA 分子上，这就是它们能让寄主植物长出奇形怪状的肿块的原因。这些都说明，即使是包括我们人类在内的高等生物，也会接受来自其他生物的基因——尤其是病毒的基因。

图 6.1　由根癌土壤杆菌感染导致的植物"肿瘤"

（引自欧洲拟南芥普系中心网站 arabidopsis.info）

"魔法剪刀"掀革命（上）

还是在史前时代，人类就开始按自己的意愿选育优良的生物品种。比如说菊花吧，它的野生亲戚只不过是一种开小黄花的野草，但是在我国古代园丁们的长期选育之下，不仅花变大了，而且有了成千上万颜色、姿态各异的品种。再比如说柑橘类水果，它们是现在世界上种类最多、产量最大的水果。其实，形形色色的柑橘类水果只有 3 个不同的祖先——橘、柚和枸橼，后来的其他各种柑橘类水果，如酸橙、甜橙、蜜柑、柠檬、葡萄柚，等等，都是由一代代不知名的园丁们，用这 3 个祖先品种反复杂交而形成的。

看起来，这些传统育种方式好像很神奇，但是如果用一种更挑剔的眼光来看，它们的不足也很明显。其一是育种速度缓慢，一个优良品种从开始培育到最后育成，往往需要十几年、几十年甚至几代人的工夫。不足之二则是局限性太大——菊花再怎么变还是菊花，不会长出牡丹或月季；柑橘类水果虽然滋味多变，但无论如何也不可能让你尝出香蕉或菠萝味来，因为它们之间的差距太大了！

也许你会觉得，开出牡丹或月季的菊花，和带有香蕉或菠萝味的柑橘，都没什么太大价值。可是如果考虑到下面这样的情况，你就会觉得把差距很远的生物"揉"到一块是很有必要的。

在人的腹腔里面、胃的后部，有一个长条形的器官，叫做胰脏。

胰脏的主要功能是分泌消化食物的胰液，在胰脏上分散着许多细胞团，犹如小岛撒在海上。这些被形象地叫做"胰岛"的细胞团可以分泌一种叫做胰岛素的激素，功能是作为第一信使，唤起体内细胞来分解利用葡萄糖，由此获得生命活动所需的能量。假如，有人的胰岛细胞受到损害，不能分泌足量的胰岛素，那么他血液中的葡萄糖含量就会比常人偏高，多余的葡萄糖会进入尿中，这个人就患上了糖尿病（更准确地说，是患上了 I 型糖尿病）。糖尿病对人体危害很大，因为血液中葡萄糖含量过高，会导致微小血管发生病变，患者的肾、眼睛、神经系统都会受到损害，严重者可导致残疾或死亡。

自从 1921 年发现胰岛素以来，它就成为治疗 I 型糖尿病的最有效药物。可是这药从哪里来呢？从活人体内取是不人道的，从死人体内取，量又太少。人们只好用猪、牛的胰岛素来代替人胰岛素。要提取 1 克猪、牛胰岛素，需要几十千克的胰

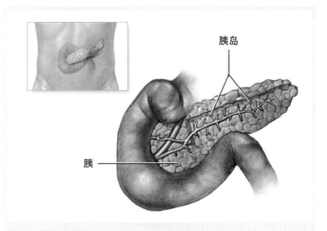

图 6.2　胰岛示意图

（引自美国生物咨询公司 ADAM 网站 adam.com）

糖　尿　病

　　所有糖尿病的共同特征，是身体内部胰岛素激活细胞分解葡萄糖的信号传导途径失效，从而导致病人血糖过高。但是这一信号传导途径却可以有两种不同的失效原因。一种原因是胰岛细胞受损，胰岛素分泌严重不足，这就是 I 型糖尿病，也叫"胰岛素依赖型糖尿病"，对这些病人来说，注射胰岛素几乎是唯一有效的治疗方法。

　　另一种原因是胰岛细胞正常，因此体内胰岛素水平正常，但是身体细胞对胰岛素不敏感，从而同样导致病人血糖过高，这就是 II 型糖尿病，也叫"非胰岛素依赖型糖尿病"。II 型糖尿病的主要治疗方法是服用一些药物（如格列本脲、二甲双胍等），刺激胰岛细胞分泌更多的胰岛素，但也有一些病人和 I 型糖尿病病人一样，需要注射胰岛素。

　　糖尿病有一定的遗传因素，但和不良的生活习惯也有明显关系。预防糖尿病的主要方法是合理膳食，加强锻炼，避免超重。

脏，这让胰岛素成了供不应求的药物，比黄金还贵重。可是，猪、牛胰岛素和人胰岛素的分子结构并不完全一样，不仅治疗效果不佳，长期使用还会被人体当成异己，分泌抗体来对付它，药效就更差了。如果在自然界中有什么生物——比如大肠杆菌——能够大量制造人胰岛素，那该有多好啊！

另一种叫生长激素的药物，价格就更昂贵了。这种激素是由人的脑垂体分泌的，主要作用之一是促进儿童身体生长。有的儿童患有一种叫"垂体性侏儒症"的遗传病，垂体不能分泌足量的生长激素，结果造成身体发育缓慢，该长个的时候也无法长个。可是，生长激素比胰岛素更难得，因为它只能从人体内获取，要得到1克生长激素，需要几十具尸体的脑垂体。更恐怖的是，如果有的尸体生前患有由朊毒体引起的克—雅氏症，那么收集得来的生长激素就很可能含有朊毒体。把这种生长激素注射到侏儒症病人体内，便会让他们也染上致命的克—雅氏症。这样的悲剧已经发生了：1983—1985年间，法国有约2 000名侏儒症儿童注射了同一个牌子的生长激素，其中有100多人已经因克—雅氏症而悲惨地死去！同样，如果在自然界中有什么生物能够大量制造生长激素，那该有多好啊！

这些曾经的幻想，在分子生物学家手下都变成了现实。

还是在20世纪50年代，瑞士的维尔纳·阿尔伯（Werner Arber）就发现，大肠杆菌可以把噬菌体的DNA打碎成小片，避免对自身造成伤

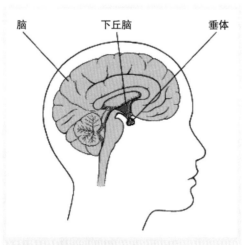

图6.3 下丘脑和垂体在脑中的位置

下丘脑是脑中的一个重要的功能中心，是调节内脏活动和内分泌活动的高级神经中枢（下一章会提到，我们的饥饿感和饱足感就是由下丘脑决定的）。下丘脑向下延伸出的一小块脑组织就是垂体，它可以分泌多种激素，是人体最重要的内分泌器官。

脑　　　　下丘脑　　　　垂体

害。这说明，在细菌中一定有一种酶可以切断 DNA。这种酶在 1970 年终于由美国的哈密尔顿·史密斯（Hamilton O. Smith）和他的学生肯特·威尔考克斯（Kent W. Wilcox）从流感嗜血杆菌中分离出来了，它可以把双链 DNA 在特定的序列处切断，因此得名为"限制酶"。后来人们又陆续得到了几百种限制酶，可以识别数十种不同的序列。从此，人类便拥有了一把神奇的"魔法剪刀"。

在此之前的 1967 年，3 个实验室同时发现了 DNA 连接酶，它的功能和限制酶相反，是像胶水一样把断开的双链 DNA 粘起来。有了剪刀和胶水，人类就可以按自己的意图对 DNA 进行各种各样的拼接了。1972 年，美国的保罗·伯格等人把一种噬菌体的基因和大肠杆菌的整套乳糖操纵子剪下来，插到了另一种叫 SV40 的病毒 DNA 里，这样就第一次制造出了人工拼接的 DNA。不过，因为担心这种半人造的病毒泄露到实验室外面，造成不可控的后果，伯格放弃了用它感染大肠杆菌、检验是否能够繁殖的打算，把这些病毒全部销毁了。

第二年，美国的斯坦利·科恩（Stanley Cohen）等人，则在试管中把两个能抵挡抗生素的基因拼接到了大肠杆菌质粒里面，又把拼接后的质粒放回大肠杆菌体内。如他们所期待的，这些拼

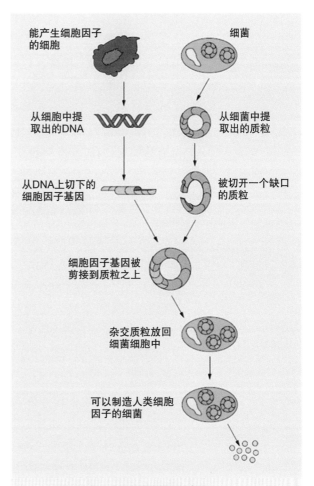

图 6.4　用基因工程生产重组细胞因子示意图

细胞因子是人体内除激素外另一类重要的在细胞间传递信息的"第一信使"，具有多种功能。下一章提到的 EPO（促红细胞生成素）就是一种细胞因子。（引自美国国立卫生研究院网站 nih.gov）

接的质粒不但可以像原来一样正常地复制，而且果然让原来不耐抗生素的大肠杆菌有了抗药性！这便是人类历史上最早的基因工程了。

有了这些成功的先例，要让细菌分泌人胰岛素或生长激素的技术便水到渠成了——只要把能够表达这些激素的基因拼接到大肠杆菌的质粒里就行。1978 年，转基因大肠杆菌生产人胰岛素宣告成功；1979 年，用大肠杆菌生产生长激素的梦想也实现了。用基因工程技术生产的这两种激素，在 1982 年和 1985 年先后进入市场。原本供不应求、价格高昂的药物，现在终于变得货源充足，而且连普通人也承受得起了。

为了表彰为基因工程的问世立下汗马功劳的生物学家，1978 年的诺贝尔生理学或医学奖颁给了阿尔伯、史密斯和另一位美国科学家；伯格分享了 1980 年的诺贝尔化学奖；至于科恩，则因为别的发现，在 1986 年也获得了诺贝尔生理学或医学奖。

"魔法剪刀"掀革命（下）

DNA 限制酶和连接酶虽然有这样大的实用功能，但是它们还不能算理想的 DNA 编辑工具。这主要是因为 DNA 限制酶能识别的特定序列太短，缺少足够的"特异性"。虽然用它在质粒这样的短 DNA 上的特定位置制造一个缺口还比较方便，但对于比质粒长得多的染色体 DNA（特别是真核生物的染色体 DNA）来说，因为其中会包含很多这样的特定短序列，如果也让 DNA 限制酶来切，结果只能是整条 DNA 都被切碎成很多片段，而无法让 DNA 只在特定的位点断裂。这就好比说，如果要在"样"这个字后面把一段文字切开，那么南宋诗人杨万里的七言绝句《晓出净慈寺送林子方》只会被分成两段——前面的 27 个字和最后的一个"红"字，因为整首诗里就只有最后一句有一个"样"字（"映日荷花别样红"）。但如果用同样的方式来处理本书文字的话，那就会得到两百多条长短不等的文字，因为本书正文中有 200 多个"样"字。尽管第五章的最后一个字是"样"，但如果想只在这里把全书文字分成前后两截，只靠这单独一个字是不够的——因为它的特异性实在太差了。

怎样才能提高 DNA 限制酶的特异性？人们想到了对它进行人工改造。已知有一些蛋白质，可以和一段较长的特定 DNA 序列结合。如果把这些蛋白质和 DNA 限制酶拼合在一起，那不就能让它先和特定 DNA 序列结合，再在这个地方把 DNA 切断吗？

基于这个原理，1996 年，"锌指核酸酶"技术问世了。通过把能识别特定 DNA 序列的"锌指蛋白"单元和负责切断 DNA 的限制酶单元结合，人类第一次获得了可以特异性地切断真核生物 DNA 的工具。不仅如此，因为生物体经常会面对各种原因导致的 DNA 断裂，早就拥有了修复断裂 DNA 的机制，这样一来，只要借助生物体自己的力量，就可以再把 DNA "粘"起来，也就无须再额外使用"胶水"了。

然而，这个技术从开始应用的那天起，就让科研人员又爱又恨。它虽然为生物研究和技术应用开拓了广阔的新领域，但因为设计专门的锌指核酸酶是件很复杂的工作，相关的专利又掌握在开发这项技术的公司手里，科研人员只能把设计工作交给这家公司来做——同时也不得不交出大笔的银子。

就在大家都希望能够有更好更便宜的特异性 DNA 编辑技术的时候，2011 年，另一种缩写为"TALEN"的 DNA 编辑技术出现了，它的原理和锌指核酸酶差不多，也是把一种能够识别特定 DNA 序列的蛋白质和 DNA 限制酶串起来。科研人员这回总算有了决定权，可以选择把大笔的银子交给掌握锌指核酸酶技术的公司，还是这些掌握新技术的公司了。

没想到，才过了一年，又一种全新的 DNA 编辑技术——CRISPR/Cas9 技术横空出世。这项技术价格便宜，操作简便，科研人员用不着再依赖专门公司，自己在实验室中就可以进行 DNA 编辑工作。之前还能闭着眼数钱的那些公司，很快就门可罗雀了。

CRISPR/Cas9 技术之所以这么便捷，是因为它不是人造的 DNA 编辑系统，而是天然存在的一套已经很成熟的 DNA 编辑系统。有 40% 的细菌都掌握 CRISPR 技术，用来对付给它们生命造成极大威胁的寄生者——噬菌体。正如第三章介绍过的抗体免疫和第四章介绍过的 RNA 干扰，是真核生物用来对付外来 DNA 的招数一样，CRISPR 系统也是细菌对付噬菌体 DNA 的最有力武器，是细菌免疫系统的核心。可以理解，只有短短几年或十几年历史的人造工具，当然比不过这种已经进化了数十亿年的天然工具嘛。

CRISPR 是"成簇而规律间隔的短回文重复序列"的英文缩写——如果你觉得记起来麻烦，可以把 CRISP 看成英文单词（意为"脆"），R 看成 roll（卷），这样 CRISPR 就成了"脆皮卷"。早在 1987 年，日本学者石野良纯就在大肠杆菌基因组中发现了"脆皮卷"，这是一串很特别的碱基序列，其中每一段序列和它在另一条链上的互补序列都几乎一模一样，只是方向相反，所以叫"回文"序列（也因此，由这种序列转录出的 RNA 会自动形成发夹状结构，读者可以想一想为什么）。每两段这样的回文序列之间，则分别有一段具有独特性的间隔序列。这样，整段"脆皮卷"就呈现为"回文—间隔 A—回文—间隔 B—回文……"的结构，宛如一首大型的回旋曲。后来人们又发现，在"脆皮卷"序列前面，还有好多和它紧密相关的基因，共同构成"CRISPR 关联系统"，英文缩写是 Cas。所谓"Cas9"，就是这个系统中的一个基因（编号为第 9 号）表达出来的蛋白质。

听上去，"脆皮卷"是个挺可爱的名字，但它们之间的那些间隔序列，其实是细菌在自己 DNA 中记录的入侵者"黑名单"。如果细菌遭受了噬菌体入侵，它马上就开始为歼灭敌人调动军队，Cas9 就是其中一支战斗力很强的队伍。为了引导 Cas9 找到敌人，细菌先是把回文序列本身转录成发夹状的 RNA，同时把整段"脆皮卷"序列也转录成另一条长长的 RNA，然后从中特别剪出代表入侵噬菌体的那段"黑名单"间隔序列。之后，Cas9 就在这两条 RNA（发夹状 RNA 和"黑名单"RNA）的帮助之下，前去歼灭噬菌体。它会仔细检查噬菌体的 DNA，一旦发现其中有一段能和"黑名单"RNA 对上，就果断地把噬菌体 DNA 切断——

于是就把敌人歼灭了。

那么这些"黑名单"序列是怎么来的呢？原来，当细菌第一次遭受一种新噬菌体入侵时，另有两种 Cas 蛋白——Cas1 和 Cas2 蛋白会马上启动，前去把噬菌体 DNA 截住，摘取其中一段回来，作为"脆皮卷"中的一段新的"黑名单"间隔序列。细菌就是通过这种方式实现了"吃一堑长一智"的获得性免疫能力。

搞清楚了"脆皮卷系统"的工作原理，自然就可以把它用于编辑真核生物 DNA 了。这时候，"黑名单"间隔序列就是要切

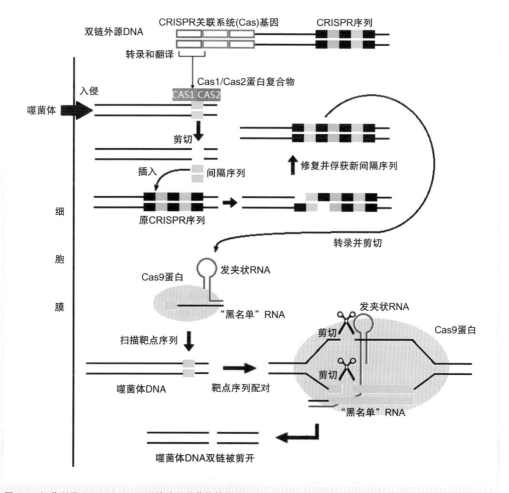

图 6.5　细菌利用 CRISPR/Cas9 系统消灭噬菌体的原理

断的位点附近的序列。只要人工合成这段序列，把它放在"脆皮卷"之中，再把整个加工过的"脆皮卷系统"导入目标生物细胞之中，Cas9 就可以出动，把 DNA 在指定位置切断。

如果把一个基因两端的序列都作为"黑名单"放入"脆皮卷"中，那么 Cas9 就可以把这个基因在两端切断。之后，目标生物细胞会启动 DNA 修复，把两边的 DNA 重新拼合起来，这样就实现了精准的基因剔除。如果想往目标生物染色体的特定位置引入新的基因，也不算难——只要再提供一段含有新基因的模板序列，目标生物细胞就可以在 DNA 被切断之后，按着这个序列合成出含有新基因的 DNA 片段，插在两个断口之间。

CRISPR/Cas9 基因编辑技术是继 DNA 限制酶和连接酶技术之后的又一重大技术突破，让转基因的工作变得更容易了。如今，它已经展现了巨大的应用潜力。它的几位发明人——其中包括美籍华裔科学家张锋——毫无疑问也会获得诺贝尔奖。

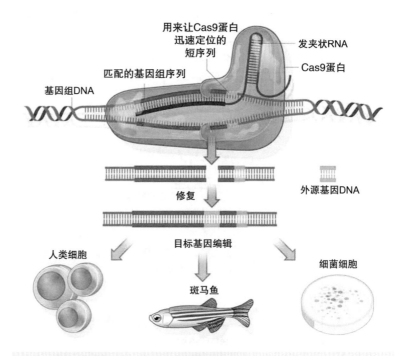

图 6.6　利用 CRISPR/Cas9 系统引入外源基因的原理

（引自《自然》杂志）

备受争议的转基因作物

转基因细菌带给人们的好处实在太大，它们又被严密地封闭在生产车间里面，很难泄漏到自然界中，所以在今天已经几乎没有人对转基因细菌的制造提出异议了。

但是，作为转基因细菌的高级"兄弟"——转基因植物，运气就不那么好了。

转基因植物是 1983 年第一次出现的。在这一年，有 4 个研究小组同时培育出了转基因植物——其中就包括由上面提到的比利时科学家蒙塔古和歇尔领导的研究小组。他们培育出的第一批转基因植物有 3 种——烟草、矮牵牛和向日葵，所采用的转基因方法一模一样，都是把要转的基因先拼接到土壤杆菌质粒里，再让土壤杆菌充当"中介"，把这基因转给植物。

和转基因细菌一样，既然转基因植物在实验室中已经培养成功，那离这一技术的大规模应用也就不远了。第一种批准上市的转基因作物产品是转基因西红柿。普通西红柿在成熟的时候，会合成一种"多聚半乳糖醛酸酶"（简称 PG 酶）；正是这种酶，让西红柿原本坚硬的果肉变得柔软，变软的西红柿虽然吃起来绵滑可口，却不耐贮藏，很容易被病菌感染。这对运输商人来说无异于灾难，因为被病菌感染的西红柿会整箱整箱地腐烂。

找到了西红柿变软的根源，美国 Calgene 公司便采用上文提到的反义 RNA 技术，往西红柿里转进一个反义基因，关闭了 PG 酶基因的表达，这样西红柿就合成不出 PG 酶，也就不会那么快变软了。这种耐贮的西红柿在 1994 年进入美国市场，不过因为市场反应比较冷淡，到 1997 年就主动停止了生产。这家 Calgene 虽然创了"美国第一种商业转基因作物"的历史，但它自己很快也成了历史，被孟山都公司所收购。

继转基因西红柿之后，转基因大豆、转基因玉米、转基因棉花、转基因油菜等也先后研制成功。其中，有的品种可以自己合成杀死害虫的蛋白质，农民们就不用再像以前那样喷洒那么多农药了；有的品种则可以对除草剂产生"免疫力"，农民们便可以毫无顾忌地在杂草最脆弱的时候使用除草剂，而不必投鼠忌器，担心把作物也一并伤害了。这样一来，这些抗虫或抗除草剂的作物既减轻了农药和除草剂对环境的危害，又节约了人力物力，还能间接提高产量，可谓一举三得。

时至今日，尽管全世界范围内批准种植的转基因作物已涵盖了包括苹果、茄子、康乃馨在内的 29 种作物，但种植最多的仍然是大豆、玉米、棉花和油菜这 4 大类，而且仍然以抗虫和抗除草剂品种居多。

在这些有益于种植者的"第一代转基因作物"取得很大商业成功的同时，生物技术界也一直在研究有益于消费者的"第二代转基因作物"。

到目前为止，最令人叹为观止的转基因作物，恐怕仍然要属瑞士的英格·波特里科斯（Ingo Potrykus）和德国的彼得·拜耶（Peter Bayer）在 1999 年培育成功的"金大米"了。大米是亚洲很多地区的主粮，在一些贫困地区，人们除了大米之外很少吃什么副食，所需的营养因此几乎都从大米中来。但是，大米的营养并不全面，它不含维生素 A，所以只吃大米的人会患维生素 A 缺乏症，得病的主要是儿童，严重时会引起死亡。

为了解决这个问题，两位科学家领导的研究组一共往水稻里转入了 3 种基因，其中 2 种来自黄水仙，1 种来自细菌。这 3 种基因齐心协力，可以在大米中制造出胡萝卜素。这些胡萝卜素让原本白色的大米带上了金黄色，它因此便有

图 6.7　普通大米（左）和金大米

（引自美国麦卡莱斯特学院网站 macalester.edu）

中国转基因作物种植现状

根据农业生物技术应用国际服务组织的统计，2016 年中国转基因作物栽培面积为 280 万公顷，为亚洲第三（印度和巴基斯坦分别为第一和第二），世界第六（世界第一为美国，栽培面积达 7 290 万公顷）。中国目前一共批准了 7 种转基因作物的安全证书，但实际种植的转基因作物绝大多数是棉花。转基因棉花的叶子可以合成一种毒素，棉花最主要的害虫棉铃虫在吃下棉花叶子之后就会中毒而死。传统上防治棉铃虫的办法主要是施用农药，这既污染环境，又容易引发人畜中毒，转基因棉花的种植则使棉田农药的使用有所减少，有利于环境保护和人畜安全。此外，抗病毒的转基因番木瓜种植也很普遍。

了"金大米"的美名。2005 年，瑞士一家公司又进一步改进了"金大米"的品质，让其中胡萝卜素和其他类似营养物质的含量提高到了第一代"金大米"的 23 倍！

从转基因作物问世的第一天起，质疑之声就始终不断。尽管转基因食品在上市前都经过了非常严格的食品安全检验，但有些反对者（特别是中国的反对者）还是担心转基因食品会危害人类健康。还有些反对者担心，转基因作物不可能像转基因细菌那样被封闭在一个小空间里生长，它不可避免要全部暴露在自然界中。万一这些转基因作物从实验地或大田里逃了出来成为野草，或是发生了天然的转基因事件，让那些抗虫、抗除草剂的基因跑到了别的植物里面去怎么办？会对自然生态系统造成多大的威胁？近些年来，的确有一些报道，发现有转基因作物逸为野生，或是在野生植物中发现了外源基因，这进一步加剧了人们对转基因作物环境安全性的担心。——然而与此同时，在支持和反对转基因作物双方的激烈争论下，最需要转基因作物的人，却不幸成了牺牲品。在环保人士的反对下，上面那种"金大米"至今仍然无法在亚洲推广，仍然有许多儿童随时面临着病痛和死亡的威胁。

你觉得不可思议吗？别着急，只要和转基因动物一比，转基

图 6.8 美国生物医学研究基金会制作的一张为动物实验"正名"的海报

照片上面的文字的意思是："多亏了动物研究，这些人才能多抗议 23.5 年。"照片下面的小字的意思是："根据美国健康和人类服务部，动物研究已经帮助我们把预期寿命延长了 23.5 年。当然，如何使用这些多出来的寿命悉听尊便。"

图 6.9 2000 年 10 月 2 日，世界上第一只转基因猴在美国诞生

（引自澳大利亚广播公司网站 abc.net.au）

因作物受的这点委屈也就不算什么了。要知道，尽管科学家们现在已经培育出了很多转基因动物（尤其是转基因小鼠），并且用它们作为实验对象，在人类疾病研究中取得了许多重大进展，可还是有许多"动物福利"主义者，坚决认为制造转基因动物是一种罪孽，所有这方面的研究都应该尽快停止。有的激进主义者甚至已经采取行动，直接去骚扰默默地为人类谋福利的科学家！

虽然许多担心不无道理，但科学总得向前走，前进中的问题也只有在前进中才能解决。我们不妨回想一下 1830 年 8 月 28 日在美国马里兰州发生的一幕：那一天，美国第一列火车和一匹马车比赛谁跑得更快，结果火车在半途抛锚，马车胜出。100 多年过去了，今天的火车和马车的巨大反差无疑是给出了某一种答案。

人造生物时代还有多远

转基因生物只是人造生物的第一阶段。下一阶段是不用任何已有的分子材料，从头合成生物。这个工作的第一步已经迈出了。

2002 年，美国的埃卡德·维莫（Eckard Wimmer）等人报告说，他们完全用手工制造了脊髓灰质炎（俗称小儿麻痹症）病毒。制造过程是这样的：首先从公共的基因组数据库里面下载脊髓灰质炎病毒的基因序列，然后根据这个序列，利用邮购来的原材料，人工合成与之互补的 DNA 分子。由于脊髓灰质炎病毒是 RNA 病毒，虽然与之互补的 DNA 分子并没有活性，但是当把这个人造 DNA 分子转录成 RNA 时，病毒的活性就显现出来了——把这些 RNA 分子放到合适的环境中，它们便自发组装成病毒颗粒。把这些病毒颗粒注入小鼠体内，小鼠很快就表现出脊髓灰质炎症状！

　　维莫等人的研究引发了激烈的争论。一些人为人类可以制造生物而欢呼，另一些人担心这种技术将来被别有用心的人（比如恐怖分子）利用。正在大家交锋的时候，那位分子生物学怪才文特尔再次吸引了人们的眼球：2003 年，他宣布人造噬菌体 φX174 成功；2008 年，他又宣布人造支原体（天然存在的最小细胞生物）DNA 成功。当然，光合成 DNA 还不能算人造生物，因为对于支原体这样的细胞生物来说，光有 DNA 是不行的，但在 2010 年，文特尔把一种支原体的细胞挖空，注入另一种支原体的 DNA，结果成功地让这个细胞运转并繁殖起来，这样就毫无争议地造出了第一个人造细胞生命。虽然又有人批评，文特尔不过是照着自然界中已经有的基因组人工"照抄"一遍而已，但在 2016 年，文特尔又合成了一个"最小细胞生命"，其基因组只含有 473 个基因，比支原体还要少，但仍足以支持细胞的正常运转。就这样，尽管批评声不绝，文特尔却我行我素，一次次取得重要进展。

　　在文特尔全力要弄微生物的时候，另一些科学家却想着再造一种庞然大物——猛犸象。

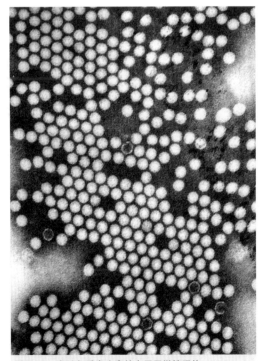

图 6.10　脊髓灰质炎病毒的电子显微镜照片

（引自美国疾病控制及预防中心网站 cdc.gov）

猛犸象是世界上现存的两种象——亚洲象和非洲象的近亲。它们生活在寒冷的北半球寒带地区，身上披着长长的毛发，嘴里长着巨大而极度弯曲的长牙。大约1万年前，从非洲走出来的人类进入了北半球寒带地区，猛犸象不幸成了猎物，在这些人类先民肆无忌惮的滥捕乱杀之后，便从地球上消失了。

幸好，西伯利亚和阿拉斯加冰冷的冻土，把一些完整的、没有腐败的猛犸象的遗体保存了下来。2008年，以美国的斯蒂芬·舒斯特（Stephen M. Shuster）为首的研究小组报告说，他们从猛犸象的一团毛发里提取出了DNA，并成功地誊出了80%的基因

猛犸象灭绝之谜

自从猛犸象的遗体出土之后，科学家们就在猜测它灭绝的原因。现在学界的主流观点认为，是原始人的捕杀导致了猛犸象的灭绝，因为猛犸象消失的时间几乎和人类进入其分布区的时间同时。而且，认为猛犸象因为冰期（地质史上的全球寒冷时期）而灭绝的假说存在一个难以回答的问题：在最近几百万年以来，地球已经经历了好几次的大冰期，为何猛犸象能承受住前几次大冰期的考验，却无法承受住这最后一次呢？

图6.11　猛犸象复原图
（引自美国宾夕法尼亚州立大学网站 psu.edu）

不仅仅是猛犸象，美洲大陆和大洋洲大陆绝大多数的史前大型哺乳动物很可能也都是因为人类的猎杀而灭绝的。由于这些大型哺乳动物灭绝，美洲和大洋洲的原住民缺乏能够用来驯化的动物，一些在亚欧大陆可以用畜力完成的工作（如耕地、拉车、为骑兵提供坐骑等），在美洲和大洋洲都只能由人力完成，这大大影响了这两个大陆的人类文明的发展，使之大大落后于亚欧大陆上的文明，最终导致欧洲人从15世纪开始的对美洲和大洋洲的残酷殖民。

组。等到全部基因组誊抄完毕，他们就可以把猛犸象的 DNA 导入大象的受精卵里面，让这种无缘和现代人相见的史前巨兽重见天日！

　　你为被原始人全族屠戮的猛犸象叹息吗？你为它要回到这世上的消息激动吗？先别高兴得太早，毕竟在现在，复活猛犸象只有理论上的可能。上文提到，1996 年多莉羊的诞生，表明哺乳动物的体细胞核也具有全能性，但是这并不代表我们已经可以批量制造克隆动物了。多莉的一生虽然是明星般的一生，却也是苦难的一生，它早早地就出现了衰老的症状，2003 年，6 岁半的多莉患上了严重的肺病，生存对它来说已经是一件很艰难的事了，可是这个年龄的其他羊才刚到中年，离老死还远着呢。为了解除它的痛苦，"克隆羊之父"维尔穆特不得不同意为它执行安乐死。

　　在多莉诞生后的第三年，也就是 1999 年，美籍华裔生物学家杨向中等人又成功地制造出了克隆牛。杨向中故意选择了一头 13 岁、已经相当于人类 80 多岁的老母牛的耳朵皮肤细胞作为细胞核的提供者，但是克隆出来的小牛"艾米"并没有多莉那样的

图 6.12　杨向中

　　这位杰出的华裔生物学家已经在 2009 年初不幸去世，年仅 49 岁。（引自 repairstemcell. wordpress.com）

图 6.13　这个制作于中世纪的彩绘盘，描绘的是神示造人的场面

引自《幻想：探索未知世界的奇妙旅程》（尹传红著，上海文化出版社，2007 年）

图 6.14　中国邮票上的女娲造人

未老先衰的毛病。后来，杨向中等人又用艾米的细胞继续制造第二代克隆牛，也获得了成功。

可是，这些克隆技术所使用的是完整的细胞核。细胞核里面并不是只有染色体，还有很多其他的物质；即使是染色体，也并非只有 DNA，还有多种多样的 RNA 和蛋白质。现在我们只有猛犸象的基因组，光靠这一点东西就想克隆出猛犸象来，现在的技术还远远达不到。

即使成功克隆出猛犸象，我们也只不过复制了一种世界上早已有之的生物。人类将来能像基督教的上帝或伊斯兰教的安拉那样，随心所欲地制造生命——比如神话传说中的龙和凤凰吗？那可能要等到基因以及生命的秘密被全部揭开的那一天。可是真的到了那一天，人类有了制造生命的能力之后，就可以随心所欲地制造生命吗？这是需要由科学家群体、社会科学界乃至整个人类社会共同探讨和回答的一个问题。当前，还是让我们努力珍惜地球上现存的生物吧！

胖瘦强弱皆有由　人性一半由天赠

基因"掌纹"图

　　人造生命暂时离我们太遥远，还是让我们继续关注基因和我们日常生活的关系吧。

　　前面提到，每个人的基因都是不一样的，所以每个人的基因组全序列也都是不一样的。不过，要通过基因来鉴定一个人的身份，并不需要知道这个人的基因组全序列，只要挑出基因组里面几个和别人不一样的地方就行了。打个比方说，这就好比要弄清楚一首乐曲叫什么名字，并不需要听过整首乐曲，只要听到里面几个特征性的乐句就行了；再打个更确切的比方，如果要靠身体形态特征来鉴别一个人的身份，并不需要把这个人全身都检查一遍，只要让他按下手印就行了，因为每个人的掌纹形状都是不一样的。

　　现在最常用的DNA身份鉴定技术是这样的：首先，提取含DNA的一点组织，可以是口腔里脱落的"表皮"（严格地说是黏膜），可以是一根带毛囊的头发（头发本身只是蛋白质，所以一定要带毛囊），也可以是一点血迹或精液，总之只要保证里面有 DNA，而且大体没有被破坏就行。

为什么只要这一点点组织就行了呢？这要归功于美国一位生物学工程师凯利·穆里斯（Kary B. Mullis）。1983 年，穆里斯成功地发明了一种叫"PCR 扩增"的技术，可以在仪器中把很少一点 DNA 分子复制出不计其数的"副本"，所以根本不用担心样品太少。尽管有人争论说，这个念头早就有人想到了，但是没人否认，是穆里斯第一个把理论变成现实，他为此分享了 1993 年的诺贝尔化学奖。PCR 扩增几乎是基因研究中必用的技术，前面介绍的人类基因组计划研究、个人基因组服务和基因工程都离不开它。

图 7.1　一台 PCR 扩增仪

接下来，就是找出样品里的"掌纹"——那些人人不同的基因片段——然后把不同样品的"掌纹"相互比对，如果对得上，就说明这些样品来自同一个人。

举个例来说吧，假如你把一瓶没打开的饮料带到办公室，正要喝时，突然来了个电话。等你接完电话回来，发现饮料已经被人打开喝掉了。假如那个人是直接对瓶喝的，那么你可以在瓶口找找有没有偷喝者的口腔细胞留下来。如果有的话，就可以用这点样品做个偷喝者的"掌纹"图。然后，你再从办公室所有同事身上取一点样品，分别绘制"掌纹"图。假如你发现偷喝者的"掌纹"图和哪个同事的"掌纹"图一模一样——对不起，罪犯就是你了！

当然，在现实中不会有人为了这点

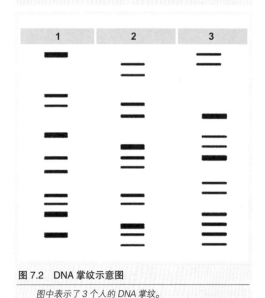

图 7.2　DNA 掌纹示意图

图中表示了 3 个人的 DNA 掌纹。

小事就求助于 DNA 鉴定，那简直是杀鸡用牛刀。可是在法医上，DNA 鉴定的用处就很大了——很多抢劫案、凶杀案、强奸案的侦破，都得靠这项技术。比如说，在 1988—2002 年间，甘肃和内蒙古曾经连续发生了一系列强奸杀人案，死者多达 11 人。由于凶手高某是一名看上去"老实巴交"的人，而且有比较美满的家庭，所以长期没有被列入嫌疑印象，也因此一直逍遥法外。然而，"多亏"他在现场留下了 Y 染色体 DNA，尽管一开始因为公安部门的 DNA 数据库有限，在其中找不到相符的记录，但随着数据库不断扩大，2015 年，其中终于出现了能匹配的记录——是一位因行贿被监视居住的高姓男子。考虑到 Y 染色体只能父传子，拥有相同 Y 染色体"掌纹"的男性通常都属于同一家族，拥有相同的姓氏，于是警方马上在这个高姓家族中逐一排查，果然很快就在 2016 年将凶手抓获归案。

更厉害的是，基因"掌纹"图不仅携带了个人的身份信息，还携带了他父母的部分身份信息。因为每个人的基因都有一半来自父亲，一半来自母亲，所以他的基因"掌纹"有一半总是和父亲一样，另一半总是和母亲一样。假如在他的基因"掌纹"图里发现了和他父亲或母亲的基因"掌纹"不一样的特征——很抱歉，他不是你的孩子……

这就是 DNA 亲子鉴定技术。当然，你可千万不要一听到 DNA 亲子鉴定，就想到这样的画面：一对面色阴沉的夫妻带着孩子走进鉴定中心的大楼，几天后，他们拿到结果，丈夫一看就大发雷霆、摔锅砸碗，妻子大气也不敢出，可怜的孩子则被吓得号啕大哭……毕竟，还有很多失散多年的亲人，靠 DNA 鉴定重新找到了对方，这就不是悲剧，而是喜剧了。

胖人、烟民和基因

"我要减肥！""我要戒烟！"这样的口号，也许你在身边常常听到，也许你自己也在喊。当然，最后实现的人并不多，我们现在还是能看到那么多的胖人和烟民。没办法，谁叫美食和烟草的诱惑力那么大呢？

就和前面提到的味觉一样，一开始，人们对为什么人会觉得饿的解释，还只是神经生理学层面的：人的大脑下面有一部分叫做下丘脑（垂体就在它下面），正是它主要控制着我们是感到饱还是感到饿。当我们吃饱的时候，血液中的葡萄糖（简称血糖）含量会增加，下丘脑一感受到这一点，便立即发出"饱了"的信号，于是我们就失去食欲，不想再吃东西了。反过来，当我们饥饿的时候，血糖含量很低，下丘脑一感受到这一点，也马上发出一个"饿了"的信号，我们就来了食欲，而且会感到"前心贴后心"般的饥饿感了。

可是，下丘脑具体是怎么感受到血糖含量的变化的？还是在1953年，英国的戈登·肯尼迪（Gordon C. Kennedy）就猜测，下丘脑应该不能直接感受到血糖变化，只能通过脂肪细胞来间接感受。具体来说，在吃饱的时候，脂肪细胞会分泌一种激素，这种激素随血液到达下丘脑之后，就会刺激下丘脑发出"饱了"的信号。后来，美国的道格拉斯·科尔曼（Douglas L. Coleman）通过巧妙设计的小鼠实验，证明了这个假说。

现在，问题的关键在于找到这种激素了。可是它在血液中含量太低，混杂在其他形形色色的物质里，很难确定哪一种物质才是这种激素。和其他许多研究人类基因的科学家一样，美国的杰弗里·弗里德曼（Jeffrey M. Friedman）决心先找基因，再找激素。1994年，在8年的漫长工作后，弗里德曼小组终于找到了编码这种激素的基因，它位于7号染色体上。由这种基因编码的那种激素属于蛋白质类，因为可以

图7.3 基因有缺陷的肥胖小鼠（左）和正常小鼠

（引自 notexactlyrocketscience.wordpress.com）

让携带有这个基因的缺陷形式的肥胖小鼠迅速变瘦，所以取名为"瘦素"。

现在已经知道，其实脂肪细胞也不是第一个感受到血糖含量升高的，这场信号传递的起点其实是胰岛细胞。胰岛细胞直接感受到血糖含量升高后，会分泌"第一棒"胰岛素进血液，"第一棒"到达脂肪细胞后，脂肪细胞再分泌瘦素作为"第二棒"，最终到达终点——下丘脑。另一方面，如果体内脂肪含量高，脂肪细胞也会分泌较多的瘦素，所以从理论上说，人越胖会越没有食欲。

瘦素的发现，一度使人们以为，困扰人类的肥胖问题终于可

科尔曼小鼠实验

这个实验是在 1973 年完成的。实验中用到了两种天生肥胖的小鼠品系，一种叫做 ob 小鼠（ob 是英文 obese "肥胖" 的缩写），一种叫做 db 小鼠（db 是英文 diabetes "糖尿病" 的缩写）。

实验过程和结果见图 7.4 下的说明。对这些实验结果的解释是：正常小鼠体内有一种激素，在吃饱的时候会分泌进入血液。在两只正常

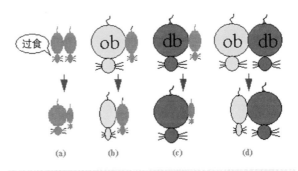

图 7.4 科尔曼小鼠实验

(a) 如果把两只正常小鼠"联体"（也就是让它们的血液循环相通，这样一只小鼠血液中的物质也可以在另一只小鼠的血液中出现），并让其中一只过食，那么另外一只会变得消瘦；(b) 如果把 ob 小鼠和正常小鼠"联体"，那么正常小鼠体形不变，ob 小鼠却会变瘦；(c) 如果把 db 小鼠和正常小鼠"联体"，那么 db 小鼠体形不变，正常小鼠则日渐消瘦；(d) 如果把 ob 小鼠和 db 小鼠"联体"，db 小鼠同样照常肥胖，ob 小鼠则变瘦。

小鼠的"联体"实验中，这种激素可以让没有吃饱的那只小鼠也缺乏食欲，结果因为摄食不足而消瘦。ob 小鼠体内则缺乏这种激素，所以始终没有饱足感，而导致过食。但是在和正常小鼠"连体"时，正常小鼠分泌的激素可以让 ob 小鼠产生饱足感，从而让它恢复正常进食，体重因此减轻。db 小鼠则分泌了过量的激素，不过这些激素对它自身不起作用，所以 db 小鼠始终比较肥胖，但是和 db 小鼠"联体"的正常小鼠或 ob 小鼠却在这种激素的作用下变瘦。

以解决了。要知道，全世界的肥胖者估计有 3 亿人之多，这些胖人身形不美也就罢了，他们因肥胖而容易患心血管病、糖尿病等多种病症，这才是最要命的。可是，临床实验却证实，瘦素对绝大多数胖人一点效果都没有！原来，这些人之所以胖，并不是因为他们分泌不了足量的瘦素，而是因为身体还有别的缺陷，让瘦素起不了作用。这就好比我们要做米饭，光买来大米是不行的，其他条件不满足——不管是没有水，还是没有锅，还是锅坏了——米饭都做不出来。

胖人想一劳永逸地减肥的美梦破灭了，那烟民呢？

在说到戒烟和基因的关系前，先让我们了解一种化学物质——苯基硫脲。这是一种微黄的白色晶体，本身并没有什么工业价值，但是它却可以引发两群人的尖锐对立——有七成人在尝到这种物质的时候会觉得它有苦味，其中有一些人更是感到苦得无法容忍，可是另三成人却觉得它淡而无味。自从 1931 年人们首次知道苯基硫脲的这种奇异性质之后，它就成了遗传学家们感兴趣的对象。他们发现，这种尝味的本领在人群中是显性遗传的，符合孟德尔第一定律。显然，一定有基因在背后决定了这一切。

前面讲到，祖克等人在 2001 年找到了编码苦味受体的一整个基因家族 T2R。2003 年，这个决定

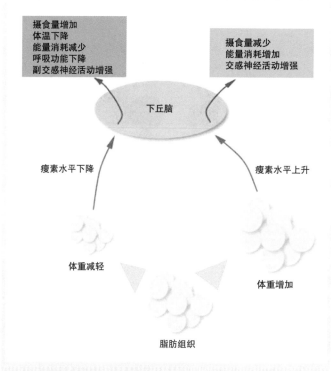

图 7.5 瘦素对身体机能的调节

交感神经和副交感神经是由脊髓发出的神经，呈相互制约关系。在人体处于紧张的活动状态时，交感神经比较活跃；反之，在人体处于舒缓的静止状态时，副交感神经比较活跃。（引自 nurseminerva.co.uk 网站）

吸烟基因

T2R38 只是众多和吸烟有关的基因中的一个，已知还有其他十几个基因可能和烟瘾有关。比如有一个叫 CYP2A6 的基因，可以编码一种酶，把烟草中的尼古丁降解成为其他物质。由于尼古丁是导致烟瘾的罪魁祸首，所以携带着这个基因的缺陷形式的人在抽烟之后，因为尼古丁迟迟不能降解，而更容易染上烟瘾。

人是否能感受到苯基硫脲味道的基因，在这个基因家族中被找到了。以 NIH 科学家丹尼斯·德雷那（Dennis T. Drayna）为首的一个多机构的研究小组，先是在人群中进行大量的测试，从中挑出对苯基硫脲敏感程度不同的一些人作为样本，接着便是比较基因组，最终确定这个基因就是 T2R 中编号为 38 的那个成员——T2R38。它和瘦素基因一样位于 7 号染色体上，已知有 5 种等位形式，其中有一种会编码出有缺陷的苦味受体，从而让人完全丧失对苯基硫脲的味觉。

那么这个基因和戒烟有什么关系呢？原来，对苯基硫脲迟钝的人，对烟草中尼古丁的苦味也会迟钝，所以这些人在抽烟的时候，不能像别人一样感到嘴巴发苦，相反，他们还能感受到烟草中原先被苦味所遮蔽的香味，因此也就更容易沉溺于烟瘾中不能自拔。这样一来，也许我们可以给这些携带着有缺陷的 T2R38 基因的烟民提供一种特制的香烟，在里面故意掺上点别的带苦味的东西，这样他们在吸到这种带苦味的香烟时，就会感到大为扫兴，说不定慢慢就能把烟戒掉了。

可是——我想你已经看出来了——这个办法显然不可能对所有人奏效。毕竟还有那么多爱抽烟的人，携带的是正常的 T2R38 基因。而且，既然这些人宁可忍受苦味也要吸烟，我们又如何能乐观地期待，抽到特制苦味香烟的 T2R38 缺陷者一定会戒掉烟瘾呢？所以，抽烟就和发福一样，虽然我们多少知道了点和它相关的基因，可要遏制起来还是无能为力。在将来，它们仍然会是困扰人类健康的难题。

基因兴奋剂

2008年，北京成功地举办了第29届奥林匹克运动会，中国人在自己的国土上第一次看到了精彩的奥运竞技。在大家坐在体育场里为眼前的比赛呐喊助威，或是守在电视机前为屏幕上的运动员加油鼓劲时，也许没几个人会想到，奥组委正在为兴奋剂的事情大伤脑筋。

奥运比赛之所以精彩，原因之一在于它是运动员之间公平的较量。假设有两个势均力敌的自行车运动员，一个堂堂正正上阵，一个却在车上安了个电机，骑起来费力的时候就靠电机推动，结果本来扑朔迷离、扣人心弦的比赛，却因为这点不公平，让人可以提前预知胜负，比赛也就索然无味了。可想而知，那个堂堂正正参赛的运动员会比观众更苦闷。

当然，在比赛中不会有运动员敢骑电动自行车参赛，可是却有人偷偷把"电机"安到了自己身体里——服用兴奋剂。美国著名自行车运动员兰斯·阿姆斯特朗（Lance Armstrong）就是这样的作弊者。

本来，阿姆斯特朗在世人眼里是个不折不扣的优秀运动员——他在1996年25岁时被查出身患癌症，换作别人，也许会心灰意冷，即使能治好病，也不得不黯然退役，但是阿姆斯特朗却在病愈之后，选择顽强地留在了赛场上。1999年，他获得了平生第一个环法自行车赛的冠军，接下来，他又一口气蝉联了6届冠军，成了史无前例的"七冠王"。

可是，就在他2005年夺得第七个冠军后不久，一个令人震惊的消息却从法国传来：一个研究机构检查了他1999年首次夺冠时留的尿样，发现其中含有过量的"促红细胞生成素"（英文缩写为EPO）。EPO是由肾脏分泌的一种蛋白质激素，可以促使造血干细胞分化形成大量的红细胞。众所周知，红细胞可以把氧气带到全身各处，而细胞有了氧气才有活力，所以运动员往身体里注射EPO，可以让肌肉更不容易因为缺氧而疲劳。难怪

1989 年用基因工程生产的 EPO 上市之后，这种原本用于治疗恶性贫血的药物，一下子成了某些自行车运动员的"秘宝"——虽然这些违背了竞技道德的运动员明知，这样做会让他们冒高血压、血栓甚至死亡的风险。

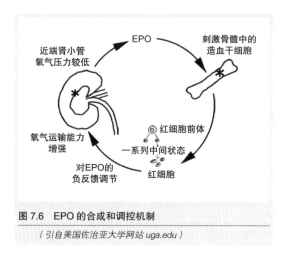

图 7.6 EPO 的合成和调控机制
（引自美国佐治亚大学网站 uga.edu）

面对这种指责，阿姆斯特朗愤怒地回击，申明自己绝对没有使用兴奋剂。也许是为了彻底摆脱他人的怀疑，证明自己的实力，本来在夺得第七个冠军后宣布退役的阿姆斯特朗决定，在 2009 年重返赛道，去冲击"八冠王"的梦想，最后虽然未能成功，但仍然获得了第三名的佳绩。然而，就在很多人以为事情要反转的时候，2012 年，国际自行车联盟最终接受了美国反兴奋剂机

兴 奋 剂

严格地说，兴奋剂只是刺激剂（stimulant）的别称，它可以直接刺激神经系统，使人精力旺盛。除了刺激剂，其他还有很多药物都可以通过各种方式提高身体的运动能力，如雄性激素可以促进肌肉发达（这也就是为什么男性总是比女性身强力壮的原因），EPO 则可以增进血液的载氧能力，等等，不过人们习惯上把这所有的运动会违禁药物都统称为"兴奋剂"。

很多感冒药中含有盐酸伪麻黄碱或咖啡因，前者可以使鼻部血管收缩，从而减轻鼻塞症状，后者则可以消除感冒引起的疲劳感。这两种药都属于刺激剂的范畴，所以运动员在参加比赛前，如果出现感冒症状，在服用的感冒药里绝对不能含有这两种成分。

构的调查结果，确定阿姆斯特朗确实注射了 EPO。最终，他被永久禁赛，先前获得的七个冠军也全被剥夺。

不过，这不会让铤而走险的运动员和教练放弃利用兴奋剂的念头。道高一尺，魔高一丈，新型兴奋剂还在层出不穷地涌现，难怪体育界会有句戏言："查出来是兴奋剂，查不出来就是高科技。"有人已经提出了最终极的"高科技"作弊手段——把"电机"安到基因上！

2003 年，澳大利亚女生物学家凯瑟琳·诺思（Kathryn North）率领的研究小组发现了一个叫 ACTN3 的基因。它位于 11 号染色体上，有 R 和 X 两种等位形式，其中 R 形式可以编码一种特殊的肌肉蛋白质，能够极大地增加肌肉的爆发力，X 形式则不能。这种 R 形式的 ACTN3，后来因而被人们起了个"爆发力基因"的绰号。诺思小组研究了 400 多名运动员的基因组，发现有 95% 的短跑运动员拥有至少一个爆发力基因，其中又有超过一半拥有两个，只有 5% 的短跑运动员连一个爆发力基因都没有。

这个发现一公布，就引发了体坛的极大震动。此前人们已经发现，黑人运动员的短跑成绩总是好于白人和黄种人，有的黑人运动员，甚至在没接受过几天正规训练的情况下，都能比已经艰苦训练了好几年的白人运动员跑得更快。不少人怀疑这是遗传的差异，可一直没有证据。现在，证据终于找到了：进一步的研究发现，黑人人群中有爆发力基因的人所占的比例，的确要高于其他肤色的人群，换句话说，黑人的确天生就比别人更善于短跑！

爆发力基因的发现，对于以前竭力主张"训练比基因更重要"的人来说，无疑是沉重的打击，因为它无可辩驳地说明，赛场上本来就没有公平。不过，要消除这种不公倒也简单——让上场的运动员都是拥有两个爆发力基因的人就行了！在个人基因组检测服务已经比较成熟的今天，只需要花一点点钱，就可以检测出一个人是否拥有爆发力基因。如果你经过检测，发现没有爆发力基因——对不起，您不适合短跑，试试别的项目吧！

但是，更不公平的事情还在后面。如果有人把这种基因，像制造转基因小鼠一样，转到自己的肌肉细胞里，那就相当于给自己打了"基因兴奋剂"。这种兴奋剂永远不会被现行的尿检或血检查出，运动员可以在神不知鬼不觉的情况下作弊获胜，完全无法受到惩罚。特别是上一章提到的 CRISPR/Cas9 基因编辑技术，大大降低了转基因的难度和花销，不用说，迟早有一天它会被偷偷用于修改运动员的基因。那时候，虽然一定还会有相应的检测手段，但竞技体育似乎越来越偏离了原本的意义。

但愿在这灰暗的一天到来之后，奥运会还能够存在！

基因决定命运？

如果我们妥协一下，觉得欣赏竞技体育就和看肥皂剧、听摇滚乐、读侦探小说一样，只不过是生活中众多消遣的一种，即使没有精彩的短跑比赛看，也一样可以用别的娱乐打发自己的闲暇，基因对于社会的冲击，是否就会减少呢？

答案当然是否定的。因为越来越多的研究发现，基因不光可以决定人与人之间的体力差异，也可以决定性格差异，甚至——智力差异。

如果这话是在 60 年前被说出口，说话的人恐怕马上就要面临全社会的汹涌指责。这是因为 60 年前的地球刚刚从第二次世界大战的阴影中走出来，这场史无前例的大浩劫，让人们不得不深刻反思此前的种种危险思想，其中就包括被视为过街老鼠的"遗传决定论"——先前，纳粹德国正是用这种反动理论，宣扬白种人优于其他种族，金发碧眼的雅利安人又在白种人中独占鳌头；当他们在欧洲发起"二战"的时候，数以十万计的属于"劣等民族"的人，便因此惨遭迫害、奴役和屠杀。

即使是在 40 年前的 20 世纪 70 年代——一个分子生物学如火如荼发展的年代——敢说这话的人，也一定会受到大多数人的白眼和敌视。美国生态学家爱德华·威尔逊（Edward O. Wilson）就不幸成了这样一个众矢之的。1975 年，兴趣广博的威尔逊出版了巨著《社会生物学：新的综合》，他在书中大胆提出，人类的行为并不都是后天教导的结果，也要受到基因的影响。这个观

图 7.7　爱德华·威尔逊和他的《社会生物学》（中文版封面）

（左图引自维基百科网站）

点不出意外地在社会上掀起了轩然大波，威尔逊的好友、美国生态学家理查德·列万廷（Richard C. Lewontin）因为实在不能忍受这样的"歪论"，愤然和威尔逊反目，他觉得威尔逊已经不可救药了！在威尔逊参加学术会议的时候，甚至还有人用水泼他的头，表示对他的抗议！

可是，事实证明威尔逊是对的。人类基因组计划实施之后，对人类基因的新发现越来越多、越来越快，其中果然发现了可以影响性格的基因。而如果一个基因能影响性格，那它不就可以影响行为了吗？

譬如说吧，1993 年，美国的迪安·海默（Dean Hamer）发现，在 X 染色体上有一个叫做 Xq28 的标志位置，在这个标志位置附近有一个或几个基因可以影响男性的性倾向，携带着这个或这些基因的某种独特形式的男性，天生就是同性恋者。海默的发现显然是石破天惊的，因为如果同性恋真的可以遗传，那么那些坚决认为同性恋是后天教导的人就无话可说了。和这些人相反，长期以来备受歧视的男同性恋者则欢呼雀跃，有的人甚至在 T 恤衫上写道："多谢你的基因，妈妈。"不过，也有不少人质疑哈默的结论，比如 1999 年的另一项研究就否认 Xq28 附近的基因和男同性恋有什么关系。

再比如说，1996 年，以色列和美国的两个研究小组各自独立地发现，位于 11 号染色体上的一个叫做 DRD4 的基因也可以影响性格。和上面提到的许多基因一样，DRD4 基因也有几种等位形式，其中一种形式可以让人喜欢追求新鲜感，拥有这种基因形式的人会比别人更容易喜欢探险、攀岩等刺激性的体育运动，或是更喜欢搬家和换工作。同样，这个消息也让一些喜欢从事刺激性户外运动的人感到振奋，因为他们可以鄙视那些害怕危险、甘于瑟缩在城市里的人了——你们天生就是胆小鬼！

DRD4 基因为什么会影响性格？原来，性格在很大程度上取决于人类脑细胞之间的连接活跃性，而这种连接活跃性和一类叫"神经递质"的化学物质有分不开的关系。DRD4 基因的那位特殊的等位形式，可以让脑细胞对多巴胺这种能传递快乐的神经递质反应迟钝，于是拥有这种基因形式的人必须经受超乎常人的新鲜刺激，才能获得足够的快乐感。

无独有偶，另一个能影响性格的基因——X 染色体上的MAOA——也和神经递质有关。它有个基因型叫 3R，容易让男性具备反社会人格，敏感、冲动而易于施加暴力。但是，这样的男性在战争期间恰恰又是勇猛的战士。可能和你的想象不同，MAOA-3R 基因型在东亚人群中具有相当高的比例，比如在汉族人中居然超过一半，在欧洲人中反而只有三成略多。

当然，最让整个社会为之震动的，还是那些宣称和智力有关的基因。1997 年，美国的罗伯特·普洛明（Robert Plomin）报告说，6 号染色体上的一个叫做 IGF2R 的基因能够影响人的智力，因为他调查了一大批智力超群儿童的基因组后发现，其中绝大多数人这个基因的形式都和普通儿童不同！

面对这些惊世骇俗的发现，竭力要预防这个社会再度滑向"遗传决定论"深渊的社会学家反击了。美国的托马斯·布沙尔（Thomas J. Bouchard Jr.）领导的研究小组，就用他们对孪生子（也就是双胞胎）性格的调查结果，有力地批判了"基因决定性格"

图 7.8　一对同卵双胞胎姐妹

（引自美国科学新闻网站 sciencedaily.com）

这种简单粗暴的观点。

为什么他们要用孪生子作为调查对象呢？这是因为孪生子中的同卵孪生子（他们是由一个卵细胞发育而成的）拥有一模一样的基因，如果性格完全是由基因决定的，那么他们不管是在同样的环境下长大成人，还是一出生就被分开、在不同的地方抚养教育，性格应该都一模一样；反之，如果性格完全是由后天环境决定的，那么一同成长的同卵孪生子固然有一样的性格，但是分开抚养的同卵孪生子就会像基因完全不同的两个人那样，各自体现出完全独立的性格。

调查结论是介于这两种极端情况之间的。经过分析，研究人员认为，遗传和环境对人性格的影响，大致各占一半。也就是说，即使你天生可能是猎奇者或天才，如果没有后天的教导，你未必一定表现出这样的性格或能力。这对于担心科学把人彻底还原为"基因机器"的人来说，无疑是个好消息。

如今，经过了20世纪90年代到21世纪初基因组学界的一惊一乍，现在学界对所谓"性格基因""智力基因"的认识已经成熟多了。随着功能基因组学对人类基因的功能和作用机制越来越了解，人们意识到很多人格都是多基因和环境共同作用的结果，甚至连第二章提到的表观遗传效应都会参与其中。就拿"智力基因"来说吧，可能有上百个基因都参与决定了智力的形成，每个基因只贡献一点点力量，积少成多，才能让一个人的脑拥有成为

"超强大脑"的潜力——然而，也仅仅是潜力。如果这个人生下来就处在营养不良的环境中，没有足够的能量和蛋白质摄入，那他最终十有八九也只能成为一个平庸的人，没法成为智力超群的人；而如果他不好好学习，走上人生的歧途，最终也无法把他的聪明才智发挥在正道之上。这就体现出了环境影响的威力。

　　总之，虽然分子生物学研究证实了基因对人格的影响，但也并没有推翻后天努力的重要性。就像网络上的一句名言所说："以大部分人的努力程度之低，还轮不到去拼天赋。"著名数学家华罗庚先生的格言"勤能补拙是良训，一分辛苦一分才"，在基因时代也仍然是值得大家记取的警句。

代代传病如梦魇　新型疗法初试用

健康的人都是一样的，生病的人各有各的病。

人体就像一架复杂的大机器，哪怕是一点点缺陷或干扰，都可能会让它出现故障。古代人已经能识别出许多种不同的疾病了，汉语字典里形形色色带"疒"旁的字就是他们这些认识的体现。今天，医学家们更是已经记载了人类上万种疾病，如果把每一种疾病再细分成小类的话，那就更多了。

这些病中有一些非常罕见，而且只侵袭某个家族里的人，就像是笼罩这个家族的鬼魅。这样的"家族病"里面，最有名的当属曾经像幽灵一样陪伴欧洲王室数十年的血友病了。

英国历史上有一段著名的"维多利亚时代"，指的是1838—1901年间维多利亚（Victoria）女王在位的时代。而欧洲王室血友病的始作俑者，也正是这位维多利亚女王。1853年，她最小的儿子列奥波德（Leopard）出世了，这位可怜的王子从小就遭受着血友病的折磨，只要一不小心划伤皮肤，或只是跌倒在地，都会出血不止。因为这种怪病，他不仅不能像3位哥哥一样学习骑马，连过一个正常人的生活都办不到。1884年的一天，即将年满31岁的列奥波德不小心摔倒，伤到了膝盖，第二天就死去了，结束了他短暂的生命。列奥波德留下一子一女，都没有血友病，可是他的女儿却又生下了一个有血友病的儿子鲁珀

图 8.1　维多利亚女王像

特（Rupert）王子，在快21岁的时候因车祸导致出血过多而死去。

　　列奥波德的出生，只是拉开了欧洲王室血友病的悲惨序幕。维多利亚女王主张欧洲各国王室彼此通婚，在她的安排下，1862年，她的二女儿艾丽斯（Alice）公主嫁给了德国黑森大公路易斯（Louis）。这位尊贵的德国贵族万万没有想到，他美丽的妻子竟然把病魔的诅咒从英伦三岛带到了莱茵河畔。1870年，他们的第二个儿子腓特烈（Friedrich）出世，被发现患有血友病，只活了两岁半就夭折了。他们的三女儿伊琳（Irene）一共生了3个儿子，其中有两个也患有血友病。

　　不仅如此，艾丽斯公主的四女儿亚历克斯（Alix）后来嫁给了俄国沙皇尼古拉二世（Nicholas II），这又把血友病引入了俄国皇室。1904年，亚历克斯皇后生下了唯一的一个儿子亚列克谢（Alexei）——他也是血友病人。后来有不少历史学家都说，就是因为亚列克谢有病，沙俄皇朝才会倒得那么快。

　　维多利亚女王还有一个女儿叫比阿特丽斯（Beatrice），也远嫁德国。1889年，她也生下了一个有血友病的儿子列奥波德〔有

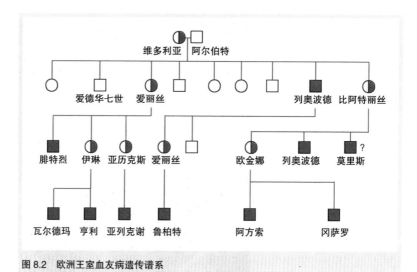

图 8.2　欧洲王室血友病遗传谱系

图中的圆形代表女性，方块代表男性。实心代表血友病患者，一半实心代表血友病基因携带者。从图中可以看出，血友病人只有男性（即纳瑟法则）。爱德华七世（Edward Ⅶ）是维多利亚女王之后即位的英国国王，他是正常人。瓦尔德玛和亨利是伊琳的两个患血友病的儿子。阿方索和冈萨罗是维多利亚·欧金娜的两个患血友病的儿子。

人怀疑她的三子莫里斯（Maurice）也有血友病〕。她的女儿维多利亚·欧金娜（Victoria Eugénie）则嫁给了西班牙国王阿方索十三世（Alfonso Ⅷ），于是连西班牙王室也遭了殃。国王的 5 个儿子中，有两个也是血友病人。

　　这种在同一个家族里集中出现的疾病，很容易让人想到具有遗传性。还是在 1820 年，德国医生克里斯齐安·纳瑟（Christian F. Nasse）就发现，血友病患者只有男性，没有女性，血友病患者可以通过完全无病的女儿把病传给他的外孙。1877 年，另一位德国医生赫尔曼·罗森（Hermann Lossen）也发现，只要血友病患者的妻子家族里没有血友病人，他们的儿子就几乎肯定不会患血友病。但是在 20 世纪到来之前，没有人能真正揭示这种古怪遗传现象的本质。

　　直到 1900 年孟德尔遗传定律重见天日，人们才很快发现，有的遗传的遗传方式完全可以用它来解释。第一个用孟德尔遗传定律完美解释的遗传病是黑尿病。这种病的患者在童年时身体并无异样，只是排出的尿一遇到空气颜色就转暗，最后变红或

变黑，但到成年以后，却
会患上关节炎、心脏病等
多种疾病。1902 年，英国
医生阿基巴尔德·伽罗德
（Archibald E. Garrod）在
调查了一个病人家族的发
病史之后，发现黑尿病"因
子"（当时还没有基因一
词）是隐性的，它的传递
完全符合孟德尔第一定律，
就像豌豆的绿色或皱粒种
子一样。

图 8.3　正常的黑人和患白化病的黑人

（引自 xenophilius.wordpress.com）

　　同一年，美国人类学
家威廉·法拉比（William C. Farabee）也在美国南部遇到了一个
有白化病的黑人家族。这个家族里的奶奶是正常人，爷爷却是白
化病患者，身体没有别的问题，只是皮肤、毛发全白。他们的 3
个儿子无一患病，但是第三个儿子却生下了 11 个正常子女和 4
个患病子女，比例接近 3∶1。法拉比把这个现象告诉了他的导
师威廉·卡斯尔（William E. Castle）。卡斯尔回答说，如果假定
白化病性状也是隐性的，那么这个家族的患病情况就很好解释了：
那个爷爷携带有两份白化病因子，他的 3 个儿子因此各带有一份，
第三个儿子娶的妻子也带有一份，所以他们的孩子里面就会出现
接近 3∶1 的正常人和白化病人了。

　　第二年，法拉比又描述了一种叫短指症的遗传畸形。患者有
比正常人短得多的手指和脚趾。法拉比发现，如果假定短指症因
子是显性遗传的，那么他发现的患病家谱也可以圆满解释。短指
症因而成为第一例得到确认的显性遗传病。

　　等到摩尔根发现，位于果蝇 X 染色体上的基因可以"伴性"
遗传之后，血友病那种奇怪的遗传方式之谜也揭开了。原来血友
病基因是一个位于 X 染色体上的隐性基因。携带血友病基因的 X
染色体，如果碰上另一条正常的 X 染色体，它会被压制住不出

来兴风作浪；可如果碰上了 Y 染色体，没有正常的等位基因压制了，它就会"凶相毕露"。这和果蝇白眼性状的遗传是一模一样的。欧洲王室里的那个血友病基因，很可能就是从维多利亚女王才开始出现的；虽然她没有病，只是这个缺陷基因的携带者，但她却把它传给了很多后裔。

今天我们知道，血友病有好几种，欧洲王室所患的那种血友病叫甲型血友病，患者 X 染色体上的缺陷基因不能像正常基因那样编码一种叫"第八凝血因子"的蛋白质，正是因为缺少这种蛋白质，甲型血友病人的血，在受伤时才会泄流不止，而不会像正常人那样迅速凝结，堵住出血口。黑尿病患者则是 3 号染色体上编码"尿黑酸氧化酶"的基因出了问题。这种酶既然不能合成，也就无法催化一种叫"尿黑酸"的物质分解，过量的尿黑酸进入尿中，和空气中的氧气反应，就会让尿变红、变黑。白化病人的基因缺陷，则使他们的身体不能合成黑色素，所以他们的头发和皮肤才没有颜色。

至于导致短指症的缺陷基因，直到 2001 年才被中国科学家贺林的研究团队发现，它位于 2 号染色体上。2009 年，贺林的研究团队更是完全揭示了这个缺陷基因的致病机理，这第一个发现的显性遗传病，在困扰了人类 100 多年之后，也终于不再是谜了。

伽罗德对黑尿病病因的揭示

伽罗德不仅仅发现了黑尿病的遗传规律，而且对黑尿病的病因也做了揭示。当时他已经知道黑尿病病人的尿变黑是因为其中含有尿黑酸，由此他大胆猜测，尿黑酸应该是体内某条代谢途径的中间一步，黑尿病病人由于遗传缺陷，不能合成降解尿黑酸的酶，所以才导致尿黑酸在尿中累积。因此，这个突变"因子"的功能一定和合成这种降解尿黑酸的酶有关。这样，伽罗德就先于比德尔和塔特姆提出了"一种基因一种酶"假说的雏形。可惜由于他的理论太超前，这一假说竟一直被埋没了 30 多年。

基因疗法的是是非非

对病人来说，最痛苦的并不是知道自己有病，而是明知有病却没有理想的治疗方法，甚至根本没法医治。

还拿甲型血友病来说吧，光是知道它的遗传规律，充其量只是让病人家族的人对未来子女可能的患病情况做好必要的心理准备，可是对于已经出生的病人却几乎无能为力。很长一段时间内，对甲型血友病唯一有效的治疗方法就是给病人输正常人的血。1937 年在血浆中发现第八凝血因子之后，人们知道可以不用再输全血，只输血浆就行了，可这还是很麻烦——谁没事干天天就是输血呢？而且不管是输全血还是输血浆，都存在一个严重的隐患：万一供血者携带有肝炎或艾滋病病毒怎么办？就和注射生长激素导致病人患上克—雅氏症一样，因输血而让血友病人染上肝炎、艾滋病的悲剧，也已经发生过了。

1993 年用基因工程制造的第八凝血因子问世之后，家里有钱的血友病人总算是有福了。他们只须定期向体内预防性地注射第八凝血因子，就基本可以过上正常人的生活。可是对于没那么多钱的病人来说，问题还是没有解决，大出血的达摩克利斯剑，仍然天天悬在头上。

患有另一种叫做半乳糖血症的病人，情况要比甲型血友病人好得多。得了这种隐性遗传病的儿童体内不能合成"半乳糖 –1– 磷酸尿苷酰转移酶"。这种名字如绕口令的酶，是儿童在利用半乳糖——奶中的乳糖在初步消化后就会产生它——时必不可少的，如果没有这种酶，半乳糖就没法被利用，于是在身体内蓄积起来，不仅危害肝脏和眼睛，而且还会造成患儿发育迟缓、智力低下，甚至死亡。不过，如果这种病在患儿出生之前就被检测出来，那倒不难预防，只要严格禁止孩子吃一切含奶（不管是母乳还是牛奶）的食物就行了。当然，眼巴巴地看着别的小朋友大喝特喝牛奶，大吃特吃蛋糕、奶油面包和饼干，实在也是遭罪。

看到这里，也许你会想：假如我们可以像给机器换零件一样，把血友病人 X 染色体上有缺陷的基因换掉，用正常的基因代替，那么这些讨厌的疾病不就能一劳永逸地治愈了吗？

这在理论上当然是可行的，问题在于，我们怎么去实现它呢？这就好比说，地质学家告诉我们，在地球的核心处有大量的铁，如果能开采出来，我们就再也不用担心没有足够的钢材了，可是我们怎样才能掘到这座超级大铁矿呢？所以，在 20 世纪 80 年代之前，因为没有成熟的技术，基因疗法还只是胆大医生的狂想。直到 1990 年，这个狂想才变成了现实。

谁是基因疗法的第一个幸运的获益者呢？她是一位叫阿珊蒂·德西尔瓦（Ashanti DeSilva）的美国小女孩。

阿珊蒂得的病叫做"腺苷脱氨酶缺乏症"（简称 ADA 缺乏症）。从这个名字你能看出来，和黑尿病、半乳糖血症一样，这又是一种因为缺陷基因导致体内必要的酶不能合成的遗传病。但

骨髓移植

骨髓移植是治疗很多血液病（如血友病、白血病等）的重要手段（关于白血病的介绍详见下一章）。常用的骨髓移植方法是：从捐赠者的髂骨（构成骨盆的最大骨头）中提取出造血干细胞，然后输入接受者体内。顺利的话，这些外来的造血干细胞会在接受者的骨髓中"定居"下来，开始发挥作用。由于对髂骨的穿刺对健康有轻微的损害（如有的捐赠者在捐赠骨髓之后会感到轻微疼痛），现在也常采用药物刺激的方法，使造血干细胞游离到血液之中，这样通过抽血就可以提取到足量的造血干细胞了。

白血病患者在接受骨髓移植前，还需要先用射线杀死体内全部癌变的造血干细胞。如果杀得彻底，移植的外来造血干细胞又没有遭受过强的排异反应，则白血病可以根治。

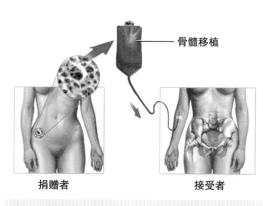

骨髓移植

捐赠者　　　　　　接受者

图8.4　骨髓移植示意图

（引自美国生物咨询公司 ADAM 网站 adam.com）

是这种病却比它们要凶险得多，就因为这种叫 ADA 的酶缺失，阿珊蒂体内的整个免疫系统几乎都不能工作了，一丁点病毒或细菌都可以让她丧命。为了活下去，她伤心的父母只能把她和外界隔离开来，他们不能亲她，更不能抱她，连和她呼吸相互流通的空气都不行——这对她来说也是致命的。即使这样，阿珊蒂还是不断地受到病菌的威胁。

起初，通过往体内注射含有 ADA 的药物，还能让阿珊蒂多少恢复一点免疫力。可是没过多久，药物的威力就下降到几乎不起作用了。这时候，在所有已知的疗法中，唯一有效的方法只剩骨髓移植术了。所谓骨髓移植，就是用其他人骨髓中正常的造血干细胞，去替代病人体内携带有缺陷基因的造血干细胞。可是骨髓移植成功的必要前提，是要保证"配型"成功，如果"骨髓型"不配，病人的身体照样会把外来的造血干细胞视同仇敌。然而，要找到匹配的骨髓谈何容易——假若骨髓捐献者和患者没有亲缘关系，配型成功的概率平均只有万分之一！

因为找不到能成功配型的骨髓，4 岁的阿珊蒂眼看就要死去。这时候，她绝望的父母找到了 NIH 科学家弗伦奇·安德逊（W. French Anderson），同意让阿珊蒂接受基因疗法。安德逊与他的同事迈克尔·布里兹（R. Michael Blaese）和肯内思·卡尔佛（Kenneth W. Culver）怜悯地看到，这可怜的小女孩血液中本该有一支由免疫细胞组成的浩浩荡荡的军队，可是现在却只有苟延残喘的散兵游勇。于是他们把几个免疫细胞取出，先放在培养基上增殖，然后用一种已经除掉了本身基因的病毒作为"搬运工"，把能够编码 ADA 的基因送到这些细胞里面"安家落户"，于是这几个散兵游勇便繁殖出了一队真正

图 8.5 安德逊和阿珊蒂

（引自美国国立卫生研究院网站 nih.gov）

的"士兵"。然后，他们再把这些"士兵"用注射器分批送回阿珊蒂的体内。

奇迹出现了。小女孩的免疫系统重新开始工作了。6个月之后，她的体内头一回出现了和正常人一样浩浩荡荡的免疫细胞大军。两年之后，尽管还需要不断服药，但是阿珊蒂已经基本恢复了健康，从此不必再和外界隔离开来，可以和别的小伙伴一同上学、一同玩耍了。就这样，世界上的第一例基因疗法，以几乎完美的胜利，宣告了新一次医学革命的开端。

有了成功的先例，世界各地的基因疗法研究项目纷纷上马。在人们美好的愿景中，不光是ADA缺乏症这种罕见的遗传病，即使是高血压、心脏病乃至癌症之类多少有些遗传背景的常见疾病，似乎也都快要被攻克，要成为像感冒、牙疼一样无足挂齿的小毛病了。但是满怀希望的医生和患者马上便被泼了一盆凉水——后来实施的基因疗法，很多都以失败告终，注入病人体内的载体和外来基因要么不起作用，要么会引发强烈的免疫反应，反而让患者更痛不欲生。其中最可怕的事情发生在1999年，一位叫杰西·盖尔辛格（Jesse Gelsinger）的18岁美国少年，为了治疗他患的一种叫"鸟氨酸氨甲酰基转移酶缺乏症"的病而接受基因治疗。谁也没料到，在接受基因治疗后4天，杰西就因为强烈的免疫反应死去。这个不幸事件，使基因疗法遭遇了巨大的挫折。美国政府为此一度紧急叫停了所有相关研究。

其实，仔细想来，基因疗法还是前途光明的，只是现在的人们太着急了，在生命活动的奥秘还没有充分揭开、技术手段还很原始的时候，就匆匆忙忙想用它来造福同类。比如说吧，上面所介绍的那些基因疗法的案例，都只是用病毒之类的"搬运工"往细胞内导入一个孤零零的基因，让它成为人体的第24条染色体，或是冀望它能逮着那些不易得的机会，把缺陷基因替换下来。显然，这种粗糙技术的成功率是很低的。然而，虽然从严格的医学伦理学出发，我们只能先在试管里面完成这样的实验。或是先在实验动物身上进行这样的操作。但在此期间，难道我们真的只能眼睁睁地看着那些不幸的病人忍受着常人难以想象的痛苦，真的忍心一点也不帮助他们吗？

2006：基因疗法重新上路

尽管基因疗法是条崎岖不平的道路，但先驱者们还是要义无反顾地走下去。盖尔辛格的悲剧发生之后6年，基因疗法又取得了进展。2006年，瑞士苏黎世大学领衔的一个团队报告，他们仍然用传统的病毒"搬运"法，修复了两名慢性肉芽肿病病人的免疫系统，从而缓解了他们的病情。

同年晚些时候，基因疗法又取得了一个更大的突破，就是成功抑制了5名艾滋病毒（HIV）携带者体内的病毒复制，提升了被病毒寄生和破坏的免疫T细胞的数量。其原理很简单，仍是通过病毒"搬运"法，把能够表达为病毒外壳蛋白的基因的互补序列转入受试者体内。这种互补序列会转录出反义RNA，和编码病毒外壳蛋白的mRNA缠绕成双链，于是通过RNA干扰机制，病毒外壳蛋白在翻译之前就可以被人体细胞降解，病毒本身的增殖也便受到抑制。有趣的是，在这项治疗中使用的病毒"搬运工"叫做"慢病毒载体"，它恰恰是以HIV为基础研发出来的新型病毒载体，如今却反戈一击，被用来对付HIV引发的艾滋病。

自此以后，利用基因疗法治疗艾滋病就成了一个热门研究方向。特别是在2008年，一个患有白血病的HIV感染者蒂莫西·布朗（Timothy R. Brown，绰号"柏林病人"）为了治疗白血病接受了骨髓移植，术后不光白血病被治好了，HIV也检测不到了，在医学上达到了"治愈"的标准。这是自艾滋病发现以来唯一的一例确认治愈的感

图8.6　幸运的"柏林病人"蒂莫西·布朗

染者，轰动世界。研究发现，HIV 是通过一个叫 CCR5 的基因转录的蛋白质进入它的寄主 T 细胞的，而布朗接受的骨髓细胞中的 CCR5 恰好具有一种独特形式，让 HIV 无法利用，于是在骨髓移植之后，他体内的 HIV 就只能"饿"死了。这就启发医学研究者，可以从 CCR5 基因下手，来治疗艾滋病！

一些医学研究者们首先继续在感染 HIV 的白血病患者身上进行骨髓移植术，试图直接重复"柏林病人"的奇迹，但很可惜都失败了。然而在 2014 年，一个美国医学研究团队运用锌指磷酸酶技术直接编辑了 T 细胞中的 CCR5 基因，把它和另一个相关的基因都改写成 HIV 无法利用的形式，再把这些 T 细胞注射回受试者体内，结果他们体内的病毒数目在不吃药的情况下果然减少了。这就充分表明，运用更先进的基因编辑技术来对付艾滋病不仅可行，而且是很有发展前景的新疗法。

其实何止是艾滋病，基因编辑技术的特异性和高效性，早已让其他疾病的研究者也跃跃欲试。在 2006 年首次运用传统基因疗法治疗慢性肉芽肿病的苏黎世大学研究团队，现在就在积极利用 CRISPR/Cas9 技术开发新的基因疗法。不过，他们比较谨慎，认为还需要几年时间，这项新技术才能达到临床使用的水平。不

艾 滋 病

艾滋病是 AIDS（"获得性免疫缺陷综合征"的英文缩写）的音译，由 HIV（人类免疫缺陷病毒）引起。HIV 病毒起源于非洲猴类身上的一种类似的病毒，在 20 世纪中期传染给人，随后从非洲向欧美扩散。当 1981 年这种病在美国第一次发现时，它实际上已经在非洲、美洲和欧洲广为流传。

HIV 专门以免疫 T 细胞为寄主，因此它的大量滋生会破坏人体的免疫功能，导致免疫系统无法应对细菌、真菌等病原体和肿瘤细胞。因此，艾滋病人最后通常都是因为严重的细菌、真菌感染或肿瘤而死，相当于 HIV 在"借刀杀人"。

早期的 HIV 毒性较强，感染者发病很快，因此被称为"世纪瘟疫"。但随着它在人类社会中不断传播，毒性逐渐降低。加上医药界已经开发了多种抗病毒药物以及综合使用这些药物的"鸡尾酒疗法"，如今艾滋病已经成为一种可控的慢性传染病。

管怎样，人类正在一点点接近着基因疗法的理想状态——不通过任何帮手就可以用正常的基因直截了当地换掉缺陷基因，实现真正天衣无缝的基因修补，既治好病，又不留任何副作用。

基因编辑技术在人体上的应用，也让生物伦理学专家们开始担心，将来会不会出现"定制婴儿"技术？运用CRISPR/Cas9之类精准的基因编辑技术，一对父母（当然，得是有钱的父母）可以在受精卵形成之后，就把这个新生命基因组中的"坏"基因型改掉。这样的技术现在已经初步实现了——2017年7月，美国一个大学的研究组就公布，他们已经对人类受精卵做了成功的基因编辑。这些受精卵携带有来自父亲的遗传病缺陷基因型，经过编辑之后，缺陷便得到了修复。等这项技术成熟之后，也许最开始改掉的只是那些能导致遗传病或其他疾病风险的基因型，但只要这个技术的口子一开，改掉什么秃顶基因型、什么狐臭基因型也都不是难事，甚至还可以把头发的颜色从棕色改成金色，或是把体能改得强大一些……

这样的担心当然不无道理，而这个问题的解决，也要考验整个社会的智慧——毕竟，如果有钱人可以"定制婴儿"，穷人却只能继续让他们的后代遭到染色体重组和突变的摆弄，那么这将是人类诞生以来最严重的社会不平等现象。只靠医学界当然是无法应对这样深重的社会危机的。

胚胎干细胞风波

说实在的，如果这个世界上只有疾病威胁人类健康，那它还是要比现在美好一万倍。因为威胁我们健康的除了病，还有伤。

2003年10月7日，27岁的云南青年农民李国兴，上山寻找前一天放羊时丢失的5头山羊。中午时分，在深山里面，他终于找到了羊，可是其中有3头已经被野兽吃得只剩残骸，还有两头大难不死，正可怜巴巴地在周围哀哀鸣叫。正在李国兴打算把这两头羊牵回家时，那只作恶的野兽——一头黑熊——再次现身了，打算把剩下的羊也作为美餐。李国兴一急，抄起一根木棍便向黑熊打去，黑熊大怒，一掌打断木棍，然后向他扑来。不幸的李国兴被黑熊撕掉了大腿上的一大块皮肤，以及鼻子、上唇和几乎全部的右脸。后来，一起上山的同伴把他救下了山。经过抢救，李国兴保住了性命，但是却遭到严重毁容，生活对他来说成了一件比死亡更痛苦的事情。

一年半以后，一位名叫伊莎贝尔·迪努瓦尔（Isabelle Dinoire）的 38 岁法国女子，也遭遇了类似的横祸。2005 年 5 月的一天，迪努瓦尔因为不堪忍受生活压力，决定服安眠药自杀。在一口气吃下过量的药丸之后，她很快昏倒在地。但是她没有死，过了很长时间之后，她悠悠醒来，发现自己的鼻子和嘴唇都没有了——在她昏迷的时候，她养的宠物犬见怎么也唤不醒她，变得越来越烦躁，然后就恢复了食肉动物的凶残本性，把她的脸撕咬烂了。

迪努瓦尔是幸运的。6 个多月后，她走进了手术室。法国两位顶尖的外科医师贝尔纳·德沃谢勒（Bernard Devauchelle）和让—米歇尔·迪贝尔纳（Jean-Michel Dubernard）把一位脑死亡女性的鼻子和嘴移植到了她的脸上。手术很成功，一年之后，迪努瓦尔可以重新露出笑容了。但是，她终生都离不开药物了，因为如果没有药物来麻痹她的免疫系统，减轻她身体的排斥反应，新移植上去的鼻子和嘴就会慢慢坏死，那样不仅会让她再次毁容，而且很有可能危及她的生命。

图 8.7　世界上第一例"换脸"术

左图为脸部皮肤的捐赠者，中图为毁容前的迪努瓦尔，右图为接受了"换脸"术后的迪努瓦尔。（引自 *pageslap.wordpress.com*）

迪努瓦尔的手术是世界上第一例"换脸"术。4 个多月后，也就是 2006 年 4 月，世界上第二例"换脸"术在中国完成了，接受手术的正是那位惨遭黑熊毒"爪"的李国兴，手术也很成功。和迪努瓦尔一样，李国兴也必须终生服药。可是，服用抑制免疫的药物的副作用很大，因为免疫系统不只会对付新脸，也要对付病菌和肿瘤，把免疫系统抑制住，受病菌感染或患癌症的可能性就会加大。2008 年 6 月，在接受手术两年多之后，已经回到家乡的李国兴突然死去，人们猜测他应该是死于免疫抑制后的并发症。

"换脸"术只是器官移植术的一种。自从 1954 年由美国医生约瑟夫·默里（Joseph E. Murray）主刀的第一例器官移植术成功之后，这种"转器官"的手术已经走过了 50 多个年头，到今天，已经是一种常规的、人人熟知的治疗方案了。为了表彰默里对这一神奇医术的开拓性贡献，1990 年的诺贝尔生理学或医学奖有一半奖金授予了他，另一半奖金则授予了另一位美国医生多纳尔·托马斯（E. Donnall Thomas），他是造血干细胞的发现者，也是上面提到的骨髓移植术的发明人。

然而，从器官移植术应用成功的第一天起，免疫排斥的阴影就始终挥之不去。当人们了解到免疫排斥的机理之后，不得不沮丧地承认，只要移植的是他人的器官，这就是永远也不可能解决的难题，充其量有轻重缓急之分罢了。除了同卵孪生子之间的器官移植，唯一不会出现免疫排斥的情况，就是用自己的器官给自己移植。可是有谁能一生下来就长着多余的器官，专门等着以后发生不测时用来移植呢！

但是，对生物个体发育的基因调控过程的初步了解，却给这个天方夜谭般的遐想带来了一线曙光。如果我们能人为控制胚胎干细胞的发育，让它只长出我们需要的器官，那样一来，用自己的器官给自己移植不就可以实现了吗？到时候，只要像克隆多莉羊或艾米牛一样，把伤者或病人的体细胞核移到一枚去核的卵中，然后就可以"指导"这个受精卵长成肾，或者长成肝，或者长成一大块皮肤……剩下的事情就是请技术娴熟的外科医师把它们安到伤者或病人身上，然后就万事大吉了！你担心人卵的来源有限？没关系，2007 年，以色列的阿里尔·雷维尔（Ariel Revel）研究小组成功地把 10 岁以下女童卵巢组织里的未成熟卵在体外培养成了成熟卵，有了这项技术，我们就再也不用眼巴巴地等着成年女性花一个月才能排出的那一枚卵了，因为哪怕只是一小块卵巢组织，都含有成千上万的未成熟卵！

这项颠覆性的医学新技术研究，在 1998 年就已经正式开端了。这一年，美国细胞生物学家詹姆斯·汤姆逊（James A. Thomson）和约翰·盖尔哈特（John D. Gearhart）分别从一个人类胚胎中分离出了胚胎干细胞，成功地让它在人体外代代相传。在科学界为此成就鼓舞时，有人提出受精卵已然是一个新生命，更不用说胚胎了。只要进行胚胎干细胞研究，就要杀死胚胎，这就是在杀人！当时在任的美国总统小布什，态度倾向于反对胚胎干细胞研究。尽管胚胎干细胞的重大进展接二连三——比如，同样在 1998 年，NIH 生物学家罗纳德·麦克凯（Ronald D. G. McKay）把大鼠胚胎干细胞分化出的神经元细胞移植到患有老年痴呆的大鼠脑中，结果多少减轻了病鼠的症状，这对人类中的老年痴呆患者来说，无疑是个福音——但是小布什却在 2001 年宣布将对人类胚胎干细胞研究设置重重限制。

无可奈何的科学家，一边据理力争，一边也尝试从别的途径去接近梦想。比如，有人把人的细胞核移入牛或者兔子去掉核的卵中，试图用这种"种间杂交"的办法制造人类胚胎干细胞。还

脐 带 血

也许人生下来唯一多余的、可供以后移植的"器官"就是脐带血了。脐带含有大量的"年轻态"造血干细胞，是白血病患者骨髓移植的最佳选择。但是，白血病在中国人群中的发病率只有十万分之四左右，这个概率低于生活中很多意外致死事故的发生率（比如车祸），而储存脐带血的费用如果自行承担，一年就需要好几百元。从经济学的角度考虑，为这一辈子才十万分之四的风险支付这么多的钱，对多数人来说是不划算的。

有科学家发现，即使是已经分化的体细胞，如果想办法把一些已经关闭的基因重新打开，也能让它们重新恢复成为干细胞（也就是所谓"诱导性多能干细胞"，英文缩写为 iPS），其"多才多艺"的本事几乎可以和胚胎干细胞媲美。2006 年，日本的山中伸弥（Shinya Yamanaka）就用这种办法把小鼠的皮肤细胞再次转为全能干细胞。2007 年，山中伸弥又把人类皮肤细胞转成了全能干细胞（如人们所预料，他后来在 2012 年获得了诺贝尔生理学或医学奖）；几乎与此同时，旅美中国生物学家俞君英在汤姆逊的指导下，也完成了同样的工作。

然而，当时没有人知道，这种"再造"的干细胞是不是真的像真正的胚胎干细胞那样优秀，它会不会在分化的时候出现问题、半途而废。所以当一些人欢呼以后再也不必从事真正的胚胎干细胞研究时，汤姆逊忍无可忍，不得不出来大声抗议："胚胎干细胞研究明明可行，如果还要耽搁下去，时间就会白白损失，再也不能挽回！"

2009 年，小布什期满卸任，新总统巴拉克·奥巴马上任才一个多月，就顺应科学界的呼声和民意，放宽了对胚胎干细胞研究的限制。美国科学家们终于可以放开手脚，继续曾经被阻断的研究了。然而，今天的尖端科研如同军备竞赛，一两年的懈怠足以让对手追上自己。就在这年 7 月，中国的两位生物学家曾凡一和周琪成功地用 iPS 克隆出了健康、有生殖能力的小鼠，让人们打消了对 iPS 全能性的怀疑，这是干细胞研究的又一重大突破，也是中国生物界取得的重大科研成果。

也许再过几十年，脸部严重受伤的人只须提供几个细胞，医生们就可以为他制造出一大片新皮肤。移植了这些绝不会被免疫系统视为异类的皮肤，他们再也不必服用那些"前门驱虎，后门进狼"的免疫抑制药物了。那时候的人们，如果回想起历史曾经有过的这些风波，一定会叹息不已。

第九章

肿瘤成因有新说　抗癌妙想齐出动

肿瘤是怎么来的

　　我们决定拿出整整一章来写肿瘤，这不光因为恶性肿瘤是人类最难治疗的疾病之一，我们每个人都应该了解一些有关它的基本知识，更因为对肿瘤的研究堪称分子生物学研究中的集大成者，几乎所有分子生物学上的新发现，很快都被用于肿瘤防治了。不仅如此，有的分子生物学新发现本身就是在肿瘤研究中获得的——比如第二章提到的逆转录现象。

　　要了解肿瘤，还是先从什么是肿瘤说起吧。尽管对肿瘤如何定义，最权威的医学家也仍然众说纷纭，但他们都同意一点：肿瘤细胞都有一个共同的特点——失控的无限繁殖。

　　本来，在人体细胞分化之后，很多细胞已经不能再分裂了，它们的宿命就是尽力干活，等到精力耗尽，便老老实实、安安静静地自杀。当然，科学家们觉得自杀这说法不好听，他们给这个过程另起了一个有点悲壮色彩的雅称——细胞凋亡。

　　人体内还有一些细胞始终保持分裂的能力，这些细胞就是所谓的"干细胞"。前面我们已经多次见到了干细胞这个词，比如造血干细胞、胚胎干细胞等。正是因为它们可以不断生育、不断分化，犹如树干不断生出树枝，所以才有了"干细胞"之名——知道了这一点，相信你就不会再把"干"字读错了。

但是，这种分裂是受到重重限制的：一方面，新分裂出来的细胞只有一部分还保持它们干细胞的功能，另一部分会马上分化，顶替那些自杀的细胞，并在这个过程中失去干细胞特有的繁殖能力；另一方面，分化的方向总是固定的，造血干细胞一般只能制造血细胞（虽然在 1999 年发现了例外），神经干细胞只能制造神经细胞。即使体内严重缺乏血细胞了，神经干细胞也不会越俎代庖，自作主张地分化出一堆血细胞来。在严密的基因调控之下，它们没有这个机会。

可是林子大了，什么鸟都有。有一些干细胞在分裂过程中会发生基因突变。这让它们内心产生了邪恶的欲望，不再满足处处受制的生活，只想我行我素。它们不甘心自己连繁殖都要受到管制，更不甘心让自己那些不能再繁殖的子孙只会老老实实地干活。在邪念驱动之下，它们决定毫无顾忌地，以生物体不能容忍的速度繁衍后代，然后又教唆这些后代不要"受人摆布"，要只顾自己享乐——于是它们成了"肿瘤干细胞"。肿瘤干细胞连同它们的后代，就统称为肿瘤细胞。

肿瘤又可以分良性和恶性。良性肿瘤的细胞虽然已经不听身体指挥了，但是还算规规矩矩，它们小心翼翼地待在自己应该待的位子上，不去垂涎别的细胞的地盘，也尽量不去觊觎非分之财——身体给细胞提供的营养。但是，还有一些强盗细胞的行径就截然不同了，它们自私心膨胀，想要霸占领地、争夺营养，于是一代一代地在身体里鸠占鹊巢（这就是医学上常说的肿瘤转移）、大肆滋生，恶性肿瘤就这样发展起来了。可是短视的强盗们不会知道，如果它们把整个身体正常的运作都破坏掉，没什么东西可以供作它们的营养了，它们自己最终也难逃覆灭的命运——从这里我们就知道，为了利己宁可损人的极度自私心是多么可怕了吧！

人身上有很多地方的干细胞都可能成为肿瘤细胞，所以肿瘤就有了各种各样的名字，比如所谓癌症，就是由一种叫"上皮组织"的结构里的干细胞发展出的恶性肿瘤，因此严格地说，癌症和恶性肿瘤并不是同义词——虽然癌症病人要占恶性肿瘤病人的绝大多数。再比如，白血病是由免疫干细胞"强盗化"造成的，所以虽然这些肿瘤细胞并不会团聚成那种标准的团块状肿瘤（医学上叫"实体肿瘤"），但它的的确确也是一种恶性肿瘤。

那么，正常的干细胞是发生了什么样的基因突变，才变成这种好吃懒做的德性呢？

在正常情况下，生物体内专门有一些基因是用来监控干细胞工作的。比如 17 号染色体上有一个叫 TP53 的基因，它制造的 p53 蛋白的功能就是监控 DNA 分子是否完好。一旦 DNA 出了问题，它就马上出手干涉：如果 DNA 受损轻微，那就启动 DNA 的修复工作；如果 DNA 受损严重，那它便使出更狠的招数——勒令这些陷入混乱的细胞自杀。像这些起监控作用的基因，因为有抑制肿瘤的本领，所以被叫做"抑癌基因"。TP53 就是最著名的抑癌基因，1979 年，英国分子生物学家戴维·雷恩（David P. Lane）第一次发现了它。

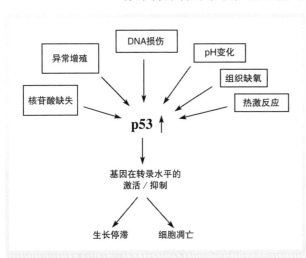

图 9.1　p53 蛋白质的功能

　　抑癌基因 TP53 的表达产物是一种叫 p53 的蛋白质 [p 是英文 protein "蛋白质" 的缩写，53 表明这种蛋白质的质量大约是 53 000 道尔顿（道尔顿是相对原子质量的别名，一道尔顿等于 ^{12}C 原子质量的 1/12）]。许多不利因素都可以导致细胞中 p53 的大量合成，最后视细胞的受损状态程度，分别导致细胞生长停滞或凋亡。

可是，如果受损伤的恰恰是抑癌基因呢？可以预料，结果将十分可怕，比如 TP53 损伤之后，细胞就再也不能监视 DNA 是否受损了，于是突变越来越多，细胞内的秩序越来越混乱。事实也确是如此，很多研究都证明，TP53 的缺陷性突变是很多恶性肿瘤发生的根本原因。TP53 发生突变后，如果再有几个关键的特殊基因发生突变，正常干细胞就会转化为肿瘤干细胞，这些在肿瘤发生中至关重要的基因，就叫做"驱动基因"。这么说来，TP53 就像是干细胞自觉遵守规则的"良心"，正是因为干细胞在外界诱惑下丧失了这点良心，当它的邪恶欲望再次膨胀时，才会执迷不悟、铤而走险，最后堕落成肿瘤干细胞。

不幸的是，干细胞分裂时发生的基因突变，虽然有一部分原因可以归结为环境因素（比如发霉的花生、滚烫的开水、烤焦的肉串、缭绕的香烟气、阳光里的紫外线……），但更多原因只能归结为没有什么诱因的内部因素——DNA 在复制中不可避免会发生的错误。说实话，DNA 的复制保真度已经很高了，平均每复制 10 亿个碱基才会出现一个错误，人类中的任何抄写员都达不到这样高的准确率。然而，人体基因组有 30 亿对碱基，这意味着细胞每分裂一次平均会出现 3 个突变；再分裂一次又会再出现 3 个新突变……如果一个人运气太差，突变刚好连续发生在几

食品中的致癌物质

发霉变质食品中，一些真菌或细菌生产的化学物质具有致癌性，其中黄曲霉素是致癌性最强的一种。黄曲霉素主要由黄曲霉分泌，主要污染花生，也会污染其他各种干果及玉米、大米等。黄曲霉素主要诱发肝癌，也能诱发肾癌、直肠癌等。中国是肝癌高发国家，其发病率在所有癌症中居第二位，除了因为乙肝病毒感染者较多外，和食品卫生意识较差、一些人的饮食中含有相当数量的黄曲霉素也有关系。

很多肉制品中都添加有亚硝酸钠，其作用是保持肉的红色。亚硝酸钠本身并不能致癌，但它在体内代谢产生的亚硝胺却是强致癌物，因此肉制品中的亚硝酸钠含量都受到了严格限制。不过，各种咸菜、酸菜等腌制食品中的亚硝酸盐含量更多，这些亚硝酸盐是在腌制过程中由细菌产生的。理论上说，在腌制食品时只要把这些细菌除去，就可以使成品中不含亚硝酸盐，但在实际中很难做到这一点。

烧焦的食物中含有"二苯并 [a，h] 蒽"和"苯并 [a] 芘"等许多强致癌物质，它们在煤焦油中也存在，是最早被确认的化学致癌物（见下文介绍）。由于烧烤食品在制作中不可能避免这些致癌物的产生，所以如果仅从健康的角度出发，这类食品应该完全禁食。

个驱动基因之中，那他即使再怎么注意保健和养生，最后还是会不幸患上肿瘤。2017 年，美国肿瘤学家伯特·沃格尔斯坦（Bert Vogelstein）团队发表的一篇争议性论文就指出，平均来说，基因突变有 66% 责任应该归咎于纯粹的随机因素。因此，随着年龄的增长，肿瘤发作的风险总是会提高，坏运气随时可能降临。

沃格尔斯坦团队的这个研究结果似乎充满了悲观的宿命论色彩，很快就被媒体曲解成"66% 的癌症发生是因为运气不好"。然而，且不说 66% 指的其实是基因突变而不是肿瘤（肿瘤的发生总是需要多个基因突变），至少对于一些所谓"穷癌"（如肺癌、肝癌、胃癌、食道癌等）来说，环境因素仍然对基因突变具有较大影响，甚至占到 50% 以上。何况，这项研究最终其实在强调，与其把希望只寄托在追求健康的生活方式上，不如同时重视早期肿瘤的诊断和介入治疗，这才是对付坏运气的合理手段。

图 9.2 美国皮肤癌基金会的宣传海报

海报上方和中间的文字的意思是："如果你崇拜阳光，祈祷你不会得皮肤癌。"海报左下角的文字的意思是："在所有的皮肤癌中，超过 90% 是由太阳造成的。"

的确，努力控制自己可以控制的因素，想办法应对不可控因素，这正是人类智慧的综合体现。就前一方面来说，这就要求我们尽量避免接触导致基因突变的环境因素。为此你要注意了——别吃发霉变质食品，别吃腌菜和烧烤，别吸烟，别晒太多太阳，别用什么名贵石材做地板砖（因为里面也许会有过量放射性元素），别用含甲醛的涂料粉刷居室……最重要的一条是，别觉得这些规矩麻烦，因为如果不幸患上肿瘤，你的生活会更麻烦！

疯狂的永生

恶性肿瘤之所以凶险，不仅仅是因为它会增生、会转移，还因为它会永生不死。

最开始，人们总觉得，人体细胞只有在人体内才会"一代不如一代"，逐渐退化，直到完全不能再繁殖，于是人也就逐渐衰老，最后"无疾而终"了；可是如果把它们拿到试管里培养，给以充足的营养、"无忧无虑"的环境，那么它们就可以代代繁殖不息，永绵千年。不幸的是，这个信条在1962年被无情打破了。

这一年，美国生物学家列奥纳德·海弗立克（Leonard Hayflick）报道说，即使把人体细胞拿到体外培养，无论怎样细心呵护，都不能让它们的家族永垂不朽。如果是胚胎细胞，分裂100次左右就"绝育"了，如果是成年细胞，更是在分裂50~70次之后就"慷慨赴死"了。海弗立克认为，成年细胞之所以有更短的传代寿命，是因为它们本身已经是胚胎细胞分裂了几十次后的产物。总之，正常细胞从受精卵开始，到退化到不能分裂结束，平均只能传100代左右，这就是所谓"海弗立克极限"。

为什么会发生这种事？原来，任何真核生物细胞的染色体两端都有一种叫做"端粒"的结构。对多细胞生物的体细胞来说，它们每分裂一次，染色体的端粒就会缩短一点，如果到最后，整个端粒都消失了，它们就再也不能分裂，只有死绝一条路了。打个比方说，端粒好比是赠予这些体细胞的一大箱专门用于助产的药物，它们每次都得吃一些药才能正常生育；当所有的药都吃光后，它们便再不能生育，于是只能绝望地等死了。

可是，为什么酵母之类单细胞真核生物能够代代分裂繁殖，还有多细胞生物的生殖细胞也能"返老还童"呢？只要一看它们的染色体就知道了：前者的端粒从来也不会缩短，后者的端粒则一下子又恢复了最初的长度。显然，一定有一种酶可以起修复作用，把已经缩短的端粒延长到"初始"水平。

　　这种酶在 1984 年终于被美国两位女分子生物学家卡罗尔·格雷德（Carol Greider）和伊丽莎白·布莱克本（Elizabeth H. Blackburn）找到了，她们也因此和另一位美国科学家共获 2009 年诺贝尔生理学或医学奖。现在已经知道，人类端粒酶是由 6 个组分构成的，每个组分各由一个基因编码，这些基因分别位于 5 号、13 号、14 号、X 等染色体上。单细胞真核生物和多细胞生物的生殖细胞就是因为有端粒酶，所以前者才能永葆青春，后者才能让"时光倒流"。说得再通俗点，端粒酶好比它们手中的一台制造助产药物的机器，前者每次生育时，虽然吃掉一些药，但马上又用这台机器新造出一些，这样就不用担心会把药吃光了，

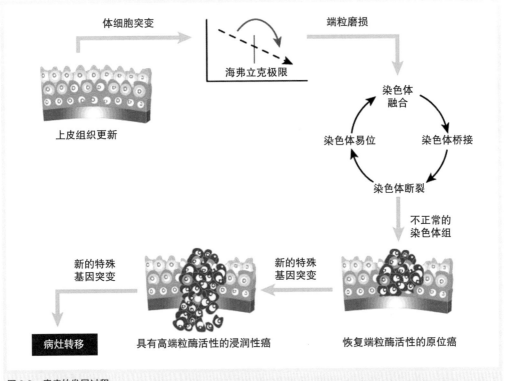

图 9.3　癌症的发展过程

　　起先，一些上皮组织中的干细胞的抑癌基因发生突变，在衰老之后不能凋亡，于是一直活到海弗立克极限之后。这时，由于端粒已经全部丢失，这些细胞在分裂时，染色体复制发生紊乱，出现融合、桥接、断裂和易位等异常现象，最终使细胞恢复了端粒酶活性，从而发展出原位癌。原位癌细胞再发生新的基因突变，向下突破上皮组织的界限，侵入到邻近的其他组织中，就发展成浸润性癌。浸润性癌细胞再发生新的基因突变，使癌细胞具备了转移能力，癌症病灶便发生转移，造成全身各处都出现癌组织。（引自《自然》杂志网站 nature.com）

而后者则是一口气重新造出了一大箱药，除了自己吃，还预备给以后 50 辈的子孙，虽然对 50 辈以后就鞭长莫及了。

几乎所有的肿瘤干细胞，都是由没有端粒酶的干细胞蜕变而成的。假如它们也遵守海弗立克极限，那肿瘤就根本不是个事了——随它怎么繁殖吧，反正生得越快，死得越快。麻烦的是，肿瘤干细胞不光会快速生育，还阴险地从基因组中重新挖掘出了长生的秘方——编码端粒酶的基因。这些强盗细胞之所以敢在邪念袭心之后肆无忌惮，就是倚仗着端粒酶这台助产药物制造机。这份秘方对于肿瘤干细胞来说太重要了，它们不光自己使用，还把它传给了后代——人们发现，有 85% 的肿瘤细胞都能检测出端粒酶。端粒酶因此成了区分正常细胞和肿瘤细胞的最大标志。无独有偶，在体外培养的人体细胞里面，也有一些细胞能突破海弗立克极限，后裔绵延不绝，它们同样也都重获了制造端粒酶的本事。

有了这些认识，一种很有希望的治疗恶性肿瘤的方法便跃然眼前了。

1995 年，美籍华裔分子生物学家冯俊利（Junli Feng，音译）等人首次采用反义 RNA 技术，干掉了体外培养的肿瘤细胞中用于翻译端粒酶的 mRNA，让这些长生不死的流氓，在分裂了大约 25 代之后不得不乖乖死掉。还有人发现，一种原本用于艾滋病治疗的叫齐多夫定的药物也可以抑制端粒酶的活性，所以多少也能抑制肿瘤的生长。RNA 干扰技术发展起来之后，马上也被用于对付端粒酶 mRNA，也取得了一些令人欣喜的成果。不过，就和现在的所有基因疗法一样，针对端粒酶的肿瘤疗法现在也还处在探索阶段，要想付诸应用，还需时日。

肿瘤干细胞认识史

上面讲的这些有关肿瘤发生的知识，看起来很好理解，但十几年前的医学家还不是这样想的——因为那会儿还没有几个人有肿瘤干细胞的概念。

最早的时候，人们只认识到肿瘤的特征是失控的无限繁殖，却以为所有的肿瘤细胞都是一样的，都可以无限繁殖。换句话说，肿瘤细胞的团伙就像在实行"军事民主制"，细胞和细胞之间都是平等的。这样的话，灭掉任何一个肿瘤细胞都有同样重要的意义，都是剪除了一支潜在的新繁殖的强盗队伍。

在这种传统理论下，肿瘤治疗的目的，很显然就是要尽量除灭肿瘤细胞，不分高矮胖瘦，除得越多越好。除了开刀直接割掉肿瘤之外，传统上遏制肿瘤增生的办法主要有二：一是阉割，二是虐待。

所谓阉割，就是干扰肿瘤细胞的核酸（不管是DNA还是RNA）合成，或者干脆把核酸分子破坏掉，让肿瘤细胞无法生育后代，最后自然老死，或被免疫系统识别、杀死。有两种从20世纪初发展起来的办法可以实现这一点。一种是用射线照射——因为射线可以有效地破坏肿瘤细胞的DNA。这在医学上叫"放射疗法"，简称放疗。另一种是吃药，这在医学上叫"化学疗法"，简称化疗。能阉割肿瘤细胞的药物很多，什么替加氟、优福定、卡培他滨、氮芥、博来霉素……其中有一种是用金属铂（也就是白金）合成的，可以和DNA结合，就像一只拦路虎一样卡在mRNA转录的半道上。幸亏这种药的效力并不太大，否则世界上每年生产的白金，大概多半都要吃到癌症病人肚子里，不会留下多少能做成首饰供爱美的女士佩戴了。

所谓虐待，就是阻挠肿瘤细胞生长的过程，让它们就是生出来也长不大，也就没法再继续繁殖后代了。有一种叫紫杉醇的药就是起这个作用的。这种药是1963年由美国的两位生物化学家曼苏克·瓦尼（Mansukh C. Wani）和门罗·沃尔（Monroe E. Wall）发现的，当时全世界有许多人都在疯狂地从自然界中寻找可以抗癌的药物，大到高几十米的树木，小到肉眼看不见的细菌，全都被拿到实验室里，从中提取出各种各样的天然物质，检验它们是否能杀死肿瘤细胞。

瓦尼和沃尔很幸运，他们从美国西海岸一种叫红豆杉（也名紫杉）的高大乔木里提取到了紫杉醇这种白色的晶体，发现它有很强的抑制肿瘤生长的作用。他们成功了，红豆杉可倒霉了。随着紫杉醇这种"神药"的名气在全球扩展开来，人们纷纷涌向红豆杉林，把许多生长了百年、甚至千年的老树砍倒，将树干切成碎块，目的只有一个——提取紫杉醇。原本数量还不算少的红豆杉，一下子陷入了濒危的境地。要不是后来在紫杉醇的人工合成上有了重要进展，这种结着美丽红色种子的树，就要和猛犸象一样从地球上灭绝了！

遗憾的是，无论放疗还是化疗，往往都达不到理想的效果，最大的问题就是常常不能根治肿瘤，一旦病情好转，暂停治疗，肿瘤又会卷土重来。医生们以为这是射线和药物还不够猛烈，于是不断研发更有力的放疗方法，更强大的化疗药物，可是几十年过去了，情况仍然没有好转。更要命的是，无论化疗还是放疗，都无法只针对肿瘤细胞，它们同时也会误伤正常细胞，只不过肿瘤细胞活动更旺盛，更容易被损害罢了。所以化疗和放疗往往是

图 9.4　红豆杉的种子

红豆杉是裸子植物（什么是裸子植物详见第十章）中的一类，全世界有 11 种。它的枝叶像杉树，种子成熟时，外面包有一层红色肉质的假种皮，所以叫做"红豆杉"。（引自中国植物图像库网站 plantphoto.cn）

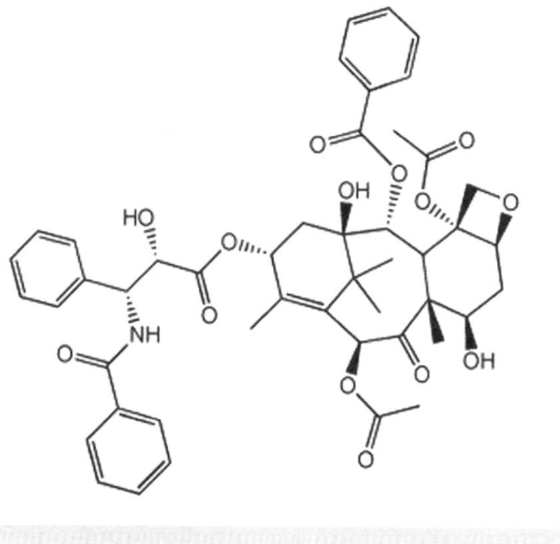

图 9.5　紫杉醇复杂的分子结构

自从紫杉醇的分子结构被确定之后，化学家就试图人工合成这种治癌神药。20 世纪 90 年代初，紫杉醇的半人工合成（以另一种天然产物为原料开始合成）工艺发展成熟，从红豆杉树干提取紫杉醇的生产方式也便渐渐成为历史。后来，紫杉醇的全人工合成（完全从简单的化工原料开始合成）也宣告成功。

极为痛苦的，有不少人都因为忍受不了巨大的痛苦，宁死不吃药，也不想被"万线穿身"。

正因为如此，虽然从 1926 年开始，不断有研究肿瘤的科学家获得诺贝尔生理学或医学奖，但是其中只有一个是研究化疗方法的临床医生，他是美国的查尔斯·哈金斯（Charles B. Huggins），因为发明了用激素治疗前列腺癌的方法，而与美国的佩顿·劳斯（F. Peyton Rous，他第一个发现病毒可以致癌）分享了 1966 年的奖金。可是能用激素治疗的肿瘤，主要也就是前列腺癌和乳腺癌而已，而且和一般的化疗一样，往往都不能根治——尤其是乳腺癌，很容易复发。

其实，肿瘤干细胞这个概念，还在 20 世纪 70 年代的时候，就已经模模糊糊地在医学家脑子里形成了。1971 年，美国的埃迪·麦库洛克（Eddy A. McCulloch）等人就发现，从患有骨髓瘤的小鼠提取出来的肿瘤细胞，并不是全都可以疯狂分裂，有这种本事的肿瘤细胞只占极少数，最少时一万个细胞中才有一个，最多时也不过一百个细胞中才有一个。显然，那些不分裂或分裂极

反应停沉浮史

"反应停"（thalidomide，现名"沙利度胺"）最早由德国一家制药公司在 1953 年合成。这家公司的原意是想合成一种新型的抗生素，但是在合成之后发现，这种药虽然没有抗生素活性，却具有良好的镇静催眠作用。1957 年，反应停作为镇静药上市。

然而，当时的新药临床实验还不完善，直到反应停上市之后，人们才意识到它具有巨大的副作用，可以导致孕妇生出畸胎。从 1957 年到 1961 年底反应停被禁售为止，全球共出生了 1 万多名由反应停导致的畸形儿，其中有 4 000 多名在 1 岁以前夭折。生产反应停的那家德国公司因此不得不向受害者支付了大量的赔偿金，反应停事件也成了现代医学史上一个惨痛的案例。

但是，在 1965 年，一位以色列医生发现反应停对于一种由麻风病导致的自身免疫疾病（即因为免疫系统过度敏感、对自身组织也展开攻击而导致的疾病）有特殊疗效。后来，人们又发现这种药对癌症也都有一定的疗效。一种一度令人谈之色变的魔药，如今在人类对抗癌症的斗争中又重新焕发了生机。

缓慢的细胞是来自那些能快速分裂的细胞，这个过程和干细胞产生不分裂的体细胞的过程很像，所以麦库洛克管这些快速分裂的细胞叫做"骨髓瘤干细胞"。

麦库洛克等人的发现，第一次对"肿瘤细胞彼此一样"这个传统观念提出了挑战。后来，越来越多的证据表明，有不少肿瘤中各细胞的地位的确不像以前所想象的那样平等，要生一起生，要死一起死；就和人间的许多强盗团伙一样，这群强盗里面同样有魁首，有喽啰，只有魁首享有大肆生育的权利，喽啰只能甘于"终生无后"。

当然，持传统观念的学者并不就此轻易改变自己的观点，他们虽然承认肿瘤细胞之间在生育特权方面的确并不公平，但是仍然主张，谁当魁首谁当喽啰完全是平等的，换句话说，有生育特权的强盗头头并不是世袭的。不过在 1997 年，加拿大的约翰·迪克（John E. Dick）等人以确切的证据表明，已经变成喽啰的肿瘤细胞确实几乎不可能再成为魁首，从这以后，肿瘤干细胞才真正成为医学界认真对待的概念。当然，生物学和医学上很少有绝对的事情，对于肿瘤干细胞学说仍然需要更多的观察验证，而且就算最终证实多数恶性肿瘤都符合"魁首加喽啰"组织形式的事实，也不能排除这样的可能性，即某些恶性肿瘤的确并非由肿瘤

1926 年诺贝尔生理学或医学奖

1926 年的诺贝尔生理学或医学奖获奖者是丹麦的约翰尼斯·菲比格（Johannes A. G. Fibiger），他在 1913 年发现一种寄生的线虫可以引起小鼠和大鼠的肿瘤。当时人们正在苦苦寻找肿瘤的起因，菲比格的发现一度让人眼前一亮——原来肿瘤和蛔虫病、蛲虫病、吸虫病一样，也是一种寄生虫病啊！可是当人们发现在绝大多数的肿瘤患者体内都找不到可以负责任的寄生虫的时候，这个发现就黯淡无光了。

而且，就在菲比格作出这个发现之后两年，日本的山极胜三郎（Katsusaburo Yamagiwa）也报告说，用煤焦油涂抹兔子的皮肤，几乎可以使之百分之百地患上皮肤癌。后来人们发现，能致癌的化学物质要比能致癌的寄生虫多得多。可是山极胜三郎却没能获得诺贝尔奖，这更让人觉得菲比格的奖是"获之不武"了。

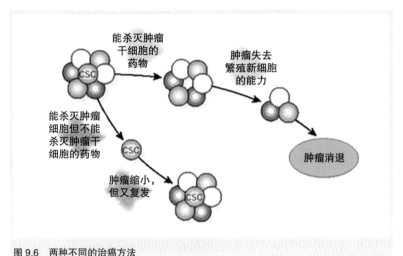

图 9.6　两种不同的治癌方法

图中 CSC 是"肿瘤干细胞"的英文缩写。（引自《自然》杂志网站 nature.com）

干细胞增殖而成，因此在其内部还保留着"军事民主制"。英国科普作家马特·里德利（Matt Ridley）说得好："所有规则都有例外（也包括这个规则在内）。"

了解到了肿瘤细胞的这种"阶层"分化，以前的治疗思路就有必要做些调整了。那种不分青红皂白见肿瘤细胞就杀的鲁莽作法，看来需要"退居二线"，在多数情况下当成辅助疗法，新的核心疗法应该是"先下手为强"，尽量把肿瘤干细胞都干掉。因为如果不把魁首干掉，除灭的喽啰再多，魁首使劲一生育，一大帮新的喽啰便又冲出来了；但是只要把魁首率先干掉，遏制住肿瘤的繁殖，喽啰再多也不必害怕，它们会自己一批批地死掉——到那时，甚至不用外力协助，免疫系统自己就足够应付了。

基因组时代的肿瘤疗法

既然治疗肿瘤的总体思路变了，基因组时代也到来了，用基因的手法治疗肿瘤，也就自然而然成了现在的研究热点。

要从基因入手治疗肿瘤，首先要了解在肿瘤细胞中特别活跃的基因都有哪些。习惯上，人们把这些在肿瘤细胞中特别活跃的基因叫做"癌基因"，但这其实是一个非常误导人的叫法，因为我们身体里保留这些基因的目的并不是为了得癌症。实际上，癌基因都有其他的重要用途，比如很多都在信号传导过程中扮演必不可少的角色，它们在肿瘤细胞中过量表达而使肿瘤细胞变得那么凶恶，其实恰恰说明了它们对生命活动的重要性。

近年来，基因组测序的一大进展，就是可以对单细胞、单DNA进行测序。这对于肿瘤研究非常有用，因为这样人们就可以知道，每个具体的肿瘤细胞中，都是什么样的癌基因在"群魔乱舞"，然后便可以确定治疗所针对的目标基因，实现针对病人的个性化治疗。

在不断涌现的新技术的支持之下，分子生物学家想到的肿瘤治疗方法五花八门，令人不得不佩服他们天马行空的想象力和研以致用的热情。

比如，上面提到了用反义RNA和RNA干扰技术阻止端粒酶的翻译。其实何止是端粒酶，凡是在肿瘤细胞中大量出现、在正常细胞中却少之又少的蛋白质，为了阻断它们的翻译，以达到遏制肿瘤细胞增生的目的，都可以试试反义RNA或RNA干扰技术。制造这样的蛋白质的基因有TBC1、Bcl2、PKA、PKC、Fos、Kras、Hras、Nras，等等。（名字都很古怪，是吧？）

假如我们换个思路，不是去遏止癌基因，而是把因为突变而失效的抑癌基因用转基因技术重新送到肿瘤细胞里，那么就可以让肿瘤细胞重新踏上凋亡的不归路，被迫自杀了。这样的抑癌基因，除了前面提到的p53，还有Rb、ApC、NF1、p21、p16……这又够医学研究者忙一阵了。

还有一个有趣的思路是这样的：同样用转基因技术把外源基因转入肿瘤细胞中，但是转入的不是抑癌基因，而是一些能够制造抗原性蛋白质的基因。这些基因会在肿瘤细胞内部制造许多抗原，傻乎乎的肿瘤细胞还以为是什么宝贝，把它们全佩戴在身上——也就是分泌到细胞膜表面，结果让免疫细胞发现了，派来大量的抗体对付它们——于是浑身是枪靶的肿瘤细胞就这么玩完了。

另一个更令人拍案叫绝的想法，是让肿瘤细胞闹内讧。这回同样要用到转基因技术，但是转进去的基因会让肿瘤细胞"丧失理智"，转而攻击它们的魁首。比如一个叫 HSVtk 的基因可以分泌一种酶，这种酶可以把一种叫"阿昔洛韦"的抗病毒药物变为另一种化学物质，后者对正在分裂的细胞有杀伤作用——而前面我们说了，在肿瘤细胞中通常只有肿瘤干细胞是不断分裂的。更妙的是，在肿瘤细胞被杀伤的时候，周边的那些和它类似的细胞（当然也都是肿瘤细胞）也会被杀伤，但和它差别较远的细胞（一般是正常细胞）却安然无恙，这叫做"旁观者效应"。显然，这个办法的突出优点是可以高度特异地杀灭肿瘤细胞，所以被很多研究者看好。

基因疗法并非只能向敌人发起恨的猛攻，也能向战友提供爱的援助。比如，可以把提高细胞对化疗药物耐受性的基因转入造血干细胞，这样当患者接受大剂量的化疗时，造血干细胞便不会一同被大量杀伤。这好比说，我们在向敌方阵营使用闪光弹时，我们自己人先戴好护目镜，这样当敌人因为闪光弹而短暂失明、丧失战斗力时，几乎不受影响的我军便可以冲上去，把敌人全都杀死。

更宏大的方案，则是把人体内那些易于让人患上癌症的基因统统改掉，让肿瘤从一开始就无机可乘。比如在 2003 年，美国的鲍里斯·帕歇（Boris Pasche）等人发现，19 号染色体上有一个基因叫 TGFBR1，它有几种等位形式，其中一种叫 6A 的形式可以增加患癌的风险，比如可以让乳腺癌风险增加 48%，卵巢癌风险增加 53%，结肠癌风险增加 38%。这种形式在人群中并不罕见，每八个人中就有一个携带着这种形式的 TGFBR1 基因。也许将来可以想办法，把这些器官每个细胞里的这个基因形式都改掉。

对于乳腺癌来说，另有两个更知名的基因是 BRCA1 和 BRCA2——事实上，BRCA 干脆就是由乳腺癌的英文 breast cancer 缩写而成，两个单词各取了头两个字母。它们都是和 DNA 修复有关的基因，一旦突变为修复功能较差的形式，就会明显增

大乳腺癌的发病概率。由于这种突变
形式会在家族中代代遗传，现在的医
院和个人基因组检测公司通常都建议
有乳腺癌（及卵巢癌）家族史的女性
去检测 BRCA 基因。美国著名电影明
星安吉丽娜·朱莉（Angelina Jolie）
就因为自己有多名亲人患上了乳腺
癌，去做了基因检测，结果表明自己
不幸也携带了 BRCA1 基因的缺陷形
式。为了预防，她在 2013 年毅然割除

图 9.7　粉红丝带——预防乳腺癌活动的标志

了双乳，两年之后又割除了卵巢，大大降低了自己患癌的概率。
为了鼓励受到缺陷基因困扰的女性勇敢选择手术预防这条道路，
朱莉大大方方地公开了自己接受手术的事实，获得了医学界的一
致好评。然而，如果能够把细胞里的这些缺陷基因改掉，那显然
会是更"治本"的预防方法。

乍一看，这是很不着调的狂想，然而最近几年大热的基因编
辑技术恰恰让人们看到了这种精准治疗和预防肿瘤的曙光。2015
年，有人用 TALEN 技术编辑 T 细胞，让它可以杀死急性淋巴细
胞白血病的肿瘤细胞。这是白血病里面起病急骤、发展极快、预
后很差的类型，然而接受治疗的那位已到病程晚期的小女孩很快
就被从死亡线上拉回来，在一年之后复查时仍然没有任何复发
的迹象。TALEN 技术取得的这个成功，自然也让人们对更新的
CRISPR/Cas9 技术寄予了厚望。

所有这些构思精巧、有时甚至有点异想天开的想法，目前都
还处于研究阶段。也许到最后我们会发现，其中可能只有少数方
法是真正有效的，大部分都会因为没有效果而被淘汰。但是我们
可以信心十足地说：未来的肿瘤内科，一定是基因疗法的天下！

GENES 第十章

生命之树重绘制　人类思想升新境

谁是最古的生物

　　基因技术的应用大大改善了我们的物质生活，可是我们还要过精神生活。在我们的精神世界里，有很多问题曾经是科学回答不了的，比如："人类是谁创造的？"世界上不同的民族，对这个问题作出了形形色色的回答，比如基督徒认为是上帝造的、穆斯林相信是安拉造的，古希腊人也煞有介事地说，是一对叫丢卡利翁和皮拉的夫妇扔出去的石头变的。至于我们中国人，习惯上"不语怪力乱神"，但很多人都听说过，人是一位叫女娲的神拿黄土捏的。

　　直到19世纪，从科学角度给予这个问题的答案，才最终战胜了上面这些五花八门的神话，成为大家普遍接受的解释。给出这个答案的人，我们在本书一开头已经提到了，他就是进化论的奠基者达尔文。

　　进化论的核心观点之一就是，地球上所有生物都有一个共同祖先，今天存在的生物都是这个共同祖先的后裔。当然，我们没法坐上时间机器回到过去，看看这个共同祖先是什么样子，但是在分子生物学诞生之前，已经有来自许多学科的证据间接地证明了这个观点。等到遗传密码被破译、越来越多的基因被识别出来之后，这个共同祖先的理论就更坚定不移了——前面已经说过，几乎所有的生物都使用同一套遗传密码子，好多基因（比如 Hox 基因）也是几乎所有生物都共有的。如果不承认它们有一个共同祖先，这些事实就都没法解释了。

知道了这些，接下来的问题就是：最古老的生物是什么样的？

还在达尔文出版《物种起源》之前，古生物学家就已经知道，大型的、复杂的生物化石总是出现在比较晚近的地层中，地层越早，里面的生物化石结构也越简单。今天已知最早的生物化石形成于约 37 亿年前（那时候，地球刚刚诞生 9 亿年），它们已经简单到只有一个没有核的细胞，和今天的细菌模样相仿了。

那么，最古老的生物是细菌吗？不，还差得很远。细菌已经有复杂的细胞结构了，这么复杂的结构显然不可能是从天上掉下来的——虽然以前的确有人主张，从天外飞来了一个细胞，然后繁衍出了芸芸众生。至于这细胞是来自金星、火星还是外太空，那就取决于这篇科幻小说具体的背景设置了。

1952 年——也就是双螺旋结构提出的前一年——美国的斯坦利·米勒（Stanley L.

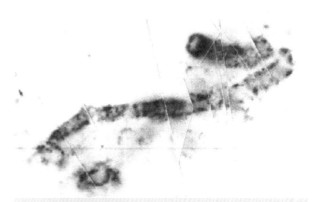

图 10.1 在西澳大利亚出土的世界最古老的生物化石

（引自美国密歇根大学网站 *msu.edu*）

图 10.2 古生物化石

（满洲里海关供图）

Miller）在他的导师、著名化学家哈罗德·尤里（Harold C. Urey）指导下，做了一个极为精彩的实验。米勒模拟早期地球的自然环境，把当时在大气中大量存在的水、甲烷、氨和氢气等极简单的物质封闭在一套容器中，水专门用一个烧瓶储藏，并在烧瓶下面加热，让水沸腾产生水蒸气，以模拟当时炽热的海洋。然后，米勒对容器中的气体不断施以电火花——这相当于空中的闪电，如果在这个过程中产生了什么新物质，它们会被冷却的水滴带回烧瓶，仿佛海洋上空下起暴雨。一个星期后，米勒取出烧瓶中的"海洋"进行分析，发现里面多出了不少新物质，其中居然有蛋白质的基本成分——氨基酸！

米勒–尤里实验是生命起源探究史上的里程碑，它无可置疑地说明，生命必需的化学物质是可以从极其简单的小分子合成出来的。当然，后来的研究表明，只是把一堆氨基酸之类小分子放在一起，却不给予额外的能量，并不能让它们自动生成复杂的生命大分子。生命更可能起源于深海底的热液口（也就是地下水被岩浆加热之后在海底喷出的地方）附近，因为那里有能驱动化学反应进行的能量。此外，至少有一些小分子（比如构成核酸的碱基）的确有可能在太阳系诞生之前就已经在宇宙中存在，然后在地球遭受小行星和彗星的狂轰滥炸时来到地球，后

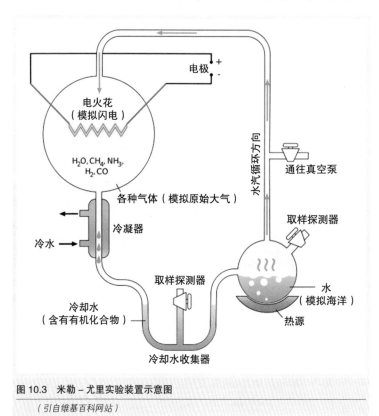

图10.3 米勒–尤里实验装置示意图

（引自维基百科网站）

来得到生命利用。但不管怎样，有一点已经毋庸置疑——早期地球环境中，利用天然存在的小分子物质自发进行的一些简单化学反应，就是地球生命的雏形。

第四章已经提到了"RNA 世界"假说。生命世界的第二步大发展，就是一开始偶然出现的核酸大分子，逐渐变得可以自我复制，而且在复制过程中能保证遗传信息的传递大体精确，只是偶尔才会有突变。这种自我繁殖、既能遗传又能变异的本事，是生命的本质特征之一。从此，生命就登上了地球这个大舞台。

接下来的第三步，就是 RNA 利用氨基酸合成蛋白质，用来作为自己的帮手。蛋白质可以充当 RNA 的外壳，保护 RNA 免受直接的伤害。第四步才是 RNA 提携 DNA，然后进一步发展出更复杂的细胞结构，38 亿年前的那些化石细菌，就是在这第四步大发展之后才形成的。

现在你知道最古老的生物是什么样的了——它们没有细胞结构、以 RNA 为遗传物质。你觉得这些特点和病毒很像吗？没错，今天的一些病毒，很可能就是这些最古老生物的直接后裔！

看起来，最古老生物像病毒的猜想似乎顺理成章：既然最早

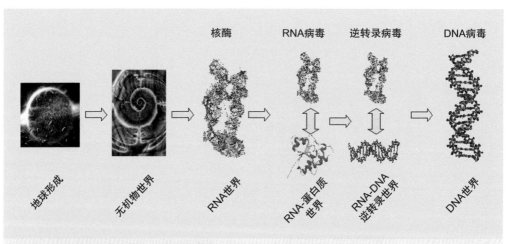

图 10.4 原始生命和病毒起源的一种假说示意图

　　这个假说认为，RNA 病毒、逆转录病毒和 DNA 病毒分别是在 RNA 世界、RNA–DNA 逆转录世界和 DNA 世界阶段演化出来的。RNA–DNA 逆转录世界是介于 RNA 世界和现在的 DNA 世界之间的一个阶段，这个阶段里的原始生命像逆转录病毒一样，虽然以 RNA 为主要遗传物质，但是在复制时需要先逆转录为 DNA，以求得更高的复制精确性。（引自加拿大萨斯喀彻温大学网站 usask.ca）

的生命最简单，病毒又比细菌简单，那最古老的生物可不就该是病毒吗！可是在进化生物学史上，这个假说曾经一度被推翻，差点就翻不了身。这是因为，人们发现病毒总是无法离开细胞单独繁殖，"不需要细胞的病毒"几乎是不可想象的。而且，有很多病毒基因在细胞生物体内都能找到，比如那些能引发肿瘤的病毒所含的癌基因，后来在人类基因组中都找到了。这些癌基因在病毒复制自身的过程中从来也不起作用，对病毒来说，它们纯粹是累赘，可为什么还代代存在呢？除了假定病毒基因来自细胞生物的基因外，似乎不可能再有别的解释了！

　　然而，RNA 世界假说却让病毒是最古老生物直系后裔的观点重新焕发了生机。现在看来，病毒可能在历史上起源了多次，虽然有些病毒不排除是细胞生命诞生后才从它们的基因组中"扔"出去的"流浪"片段，但也有些病毒很可能有更古老的历史——最早，它们是自由自在生活的远古生灵；后来出现了细胞生物，拥有更强大的生命力和攻击力，就把这些自力更生的前辈全都消灭了。在这些可怜的远古生灵里，有一部分被迫逃进细胞生物体内，靠躲藏在这些霸王身体里才得以保全性命。一开始这些"寄生虫"还懂得自己生火做饭，后来发现直接蹭吃更省事，于是慢慢丢掉不必要的基因，过起彻头彻尾的寄生生活来了。有的病毒更大胆，干脆把自己嵌到寄主的基因组里，连繁殖的活儿都让人代劳了。

　　但是，这样一来，它们受寄主的摆布也更厉害了。假如在细胞分裂的时候，寄主的 DNA 在复制中不慎发生失误，不小心把一段自己的基因插到了病毒基因组里面，以后的病毒就只好代代都揣着这些对它们无用的基因了——这就是病毒基因和寄主基因"同源"的原因。如果因为突变，使病毒基因组丧失了转录或翻译的能力，那么它们就完完全全变成了寄主基因组里的无用片断，也就是垃圾 DNA。

　　现在我们发现，在人类基因组里有约 8% 的片断，都是来自从古到今的各种病毒。正是这些留存在我们体内的古老化石，默默见证了生命起源初期那些刀光剑影、尸横遍野的残酷战争。

三条大道，各走一端

弄清楚谁是最古老的生物，只让我们现在朝正确画出地球生命家谱的目标迈出了一小步。下面这个问题看上去不那么"终极"，但是如果能解决，却可以让我们迈出一大步。这个问题就是：细菌和真核生物谁更古老？前者是后者的祖先吗？

在 1977 年以前，这个问题的答案是显而易见、完全不会引起争论的——细菌肯定更古老，它是真核生物的祖先，理由还是上面已经提到的那条：越早的生命越简单。想想看，作为原核生物，细菌连细胞核都没有，基因组里也没有内含子，比起细胞要分核与质、基因被内含子割得一截一截的真核生物来说，可不是简单得可怕吗？有人进一步发挥说，最早的细菌应该是能进行光合作用、自己制造食物的蓝细菌（以前也叫蓝藻），它们是真核生物中植物的祖先。后来，一些蓝细菌不再自己制造食物，改而以吞吃别的蓝细菌为生，它们便成了普通的细菌，后来发展成真核生物中的动物。

但是在 1977 年，这个几乎被当成真理的说法，居然也遭到了挑战。挑战者是美国的卡尔·乌斯，也就是上文提过的，在 1967 年首次提出 RNA 世界假说的那位微生物学家。

要说清楚乌斯是怎么挑战权威的，得先从什么是"支序分类"说起。

第一章说过，达尔文一直到去世，也没有找到一种合适的遗传学理论可以解释自然选择假说。具有讽刺意味的是，孟德尔遗传定律被重新发现的时候，很多人都觉得它和自然选择是相互冲突的，所以在 20 世纪初，凡是相信孟德尔学说的遗传学家——包括"果蝇帮主"摩尔根在内——都不相信自然选择。直到后来，经过几位进化生物学大师严谨周密的数学推演，人们才意识到，自然选择学说不仅和孟德尔学说一点也不冲突，后者根本就是前者赖以立命的基础！这样到了 20 世纪 40 年代，自然选择便牢固地在几乎所有主流生物学家脑子里扎下根来，它不再是假说，而是生物学的根本理论了。

自然选择成立的必要条件之一是遗传突变，因为如果没有突变，个体之间就分不出强弱，分不出适应性高低，也就无所谓自然选择了。而遗传突变在分子层面上最主要的表现形式之一就是碱基突变，也就是在 DNA 或 RNA 的复制过程中，一个本应正确配对的碱基不小心被一个错误的碱基所顶替，结果就让遗传密码在传抄时不断出现小错。有时候，遗传密码的这种突变，会造成蛋白质序列的突变，如果蛋白质的这种微小差异能够影响生物体的适应性，让个体之间分出了强弱，自然选择这个残酷的"丛林法则"就要不可避免地发挥作用了。

从这个理论出发，一个顺理成章的推测就是，遗传密码的突变是会代代积累的，而且在不同的物种中，积累的突变也不一样。显然，分家越是久远的物种，彼此之间的基因序列差别越大，亲缘关系越近的物种，基因序列差别也越小。一个很好的比喻就是人类的语言。语言学家公认，北京话、广州话和藏语是属于同一"语系"的语言，它们都是一种叫做"原始汉藏语"的已灭绝的古老语言的后代。显然，北京话和广州话关系更近，它们在中国被视为同一种语言（虽然欧美语言学家更愿意把它们看成两种不同的语言），而它们和藏语的关系却比较远。这正反映了汉藏民族的历史——汉族先民和藏族先民分家最早，然后汉族内部才又分化出北方人、广东人等几个有各自地域文化特色的人群。

我们不妨举个简单的例子：假如在一个袋鼠、牛、猴子、人共有的基因里，大部分碱基相同，只有 3 个碱基不同，袋鼠是 ATC，牛是 AGC，猴子是 CGC，人却是 CGT。显然，袋鼠和人的关系最远，因为袋鼠的这个基因最少也得突变 3 次才能变成人的基因；猴子和人的关系最近，因为猴子的基因只要突变一次就行了。这种根据彼此特征的差别多少确定生物亲缘关系的方法，就叫做"支序分类"（或叫"分支分类"），它是由德国动物学家威利·亨尼希（E. H. Willi Hennig）在 20 世纪 50 年代最先发展起来的。

乌斯就是用这个办法，比较了许多生物的 rRNA 序列（因为所有细胞生物都有核糖体，也就都有 rRNA）。他惊讶地发现，世界上形形色色的生物，可以彼此"聚集"成 3 类：一类是真核生物；一类是蓝细菌和其他许多常见的细菌，它们都是原核生物；还有一类，传统上也当作"细菌"，它们很多专门生长在极端环境下，什么沸腾的温泉啊，几千米深的海底啊，咸得呛人的盐水啊……然而这一类生物和细菌的关系却十分疏远，反而和真核生物更为接近！乌斯认为它们的这些生境更接近地球上的原始环境，在远古时代可能种类更多，所以管它们叫"古菌"，也叫"古核生物"。

于是，在 1977 年，乌斯正式画出了细菌、古菌、真核生物三"域"的新生命树。根据这棵新树，如果不考虑叶绿体和线粒体，仅就核基因而言，细菌和真核生物压根就没有关系，不

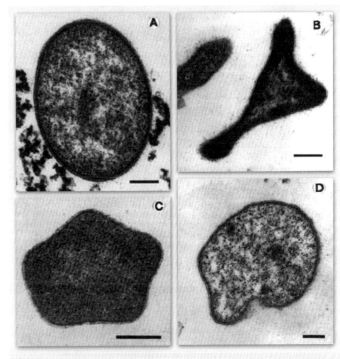

图 10.5　各种古菌的电子显微镜照片

（引自美国麻省理工学院网站 *mit.edu*）

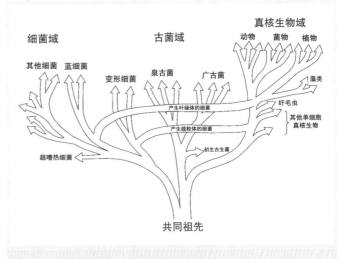

图 10.6　三域系统简图

　图中还表示了线粒体和叶绿体的"内共生"起源假说（对这一假说的介绍详见第二章）。

管是动物还是植物，都不可能以细菌为祖先。后来又发现，古菌的基因也是断裂的，里面也有内含子，这样古菌和真核生物的亲缘关系就更确定了，细菌反而成了生命世界中踽踽独行的另类！

可以想象，乌斯的这个生命之树一分为三的图景，犹如一石激起千层浪，刚一公布就遭到了许多学者的激烈反对。直到十多年过去，大家才慢慢接受了这个三域系统。近年来的研究又表明，仅从核基因来说，真核生物毫无疑问是从古菌发展而成的，只是长期的独立进化使它和古菌已经差别很大了。不仅如此，微生物学家还对来自河底、海底之类环境的土壤样品中的 DNA 做了广泛的检测，结果意外地发现了一大类独特的微生物 DNA，它们和一般细菌、古菌的关系都不太近，可能代表了一类新的微生物，目前暂时叫做"候选门级辐射类群"。因此，乌斯提出的三域系统现在也有点陈旧了，未来新的三域系统有可能是古菌（含真核生物）、细菌和"候选门级辐射类群"。

如果不考虑这些人们还知之甚少的"候选门级辐射类群"，仅就细菌和古菌而言，哪个又更古老呢？这还是一个没有定论的问题。曾经有研究认为，最早出现的细胞生物的基因很可能就是断裂的，也就是更接近古菌。然而在这些细胞生物的先民里，有一部分冒着风险，去那些高度不稳定的生境中开辟领地；为了加快繁殖速度，适应这些朝晖夕阴、瞬息万变的险恶环境，它们简化了自己的基因组，把绝大多数的非编码 DNA（包括所有的内含子）都丢掉了，这样一"轻装上阵"，劳作果然有效率多了。于是这部分先民的后代就发展成了细菌。然而，也有人认为，细菌和古菌的基因差别太大，它们不可能在地球生命形成细胞之后才分道扬镳，很可能在原始生命还只是海底热液口周围岩石孔穴中的一堆大分子的时候，就开始了各自的进化历程，分别独立地获得了细胞形态。

把上面说的总结一下，就是：细菌和古菌是地球生命诞生初期就已经分化的两大类生物，暂时还不能明确地说谁更古老。然而，乌斯的三域系统中的第三大类细胞生物——真核生物——可以肯定要比古菌和细菌都年轻一些。就核基因而言，今天那些蛰伏在大洋底部的古菌，正是我们的远房兄弟；它们所过的"守旧"生活，向我们揭示了古老祖先们曾经的生存方式。

重建生命之树

上面介绍的用基因序列来做支序分类的方法，不仅可以用来绘制生命之树的主干，也可以用来绘制生命之树的每一根枝条——只要选择合适的基因就可以了。分子生物学家就这样冲进了分类学家的领地，直把个分类学界搅得一佛出世，二佛升天。生命之树的每一幅令人瞠目结舌、甚至有点"大逆不道"的细节图一公布，都会引发一大群传统分类学家的尖声抗议，然而生物学这艘船毕竟驶进了急流航道，真可谓"两岸猿声啼不住，轻舟已过万重山"。

就拿中国的"国宝"大熊猫来说吧。这种憨态可掬的珍稀动物，究竟和现存的哪一种兽类关系更近，动物学界一直争论不休。1869年，法国博物学家、传教士谭微道（Armand David）在第一次见到被猎杀的大熊猫时，还以为这是一种独特的大熊。第二年，法国动物学家阿方斯·米尔纳—爱德华兹（Alphonse Milne-Edwards）在解剖谭微道寄给他的大熊猫标本后发现，这种动物和熊差别很大，倒是和美洲的浣熊差不多，于是他给大熊猫另起了一个学名，并把它和浣熊归为一类。可是后来又有其他动物学家坚持认为大熊猫就是一种熊，而且也找出了不少证据。于是"熊派"和"浣熊派"便开始了长达一个多世纪的争吵。可能是觉得这样还不够乱，后来又有人主张，大熊猫既不是熊也不是浣熊，应该把它单独看成一类，这下子干脆成了"三足鼎立"，

图 10.7　大熊猫

（樊禹桥供图）

更热闹了。

直到 1985 年，这个谜团才开始渐渐消释了。美国的斯蒂芬·奥布莱恩（Stephen J. O'Brien）等人用了四种不同的分子方法，都证明大熊猫和熊的关系更近；后来，又有人用各种基因检验，结果都支持这个观点。那种认为大熊猫属于浣熊类的观点，渐渐再没有人提了；而坚持大熊猫应该独成一类的人，通常都是中国科学家——因为他们觉得这样可以使中国的动物多样性看上去显得更丰富。

不过，比起植物学界来，"分子分类"对于动物学界的冲击还算小的。1897 年，德国两位植物学家阿道夫·恩格勒（H. G. Adolf Engler）和卡尔·普兰特（Karl A. E. Prantl）发表了一个全面的植

生物的分类系统

和生物命名法（见第五章）一样，现在最通行的生物分类系统也是瑞典博物学家林奈建立的。林奈首先把所有的生物分成动物和植物两个"界"，在界下面分"纲"，纲下面分"目"，目下面分"属"，属下面就是种。后来的分类学家在界和纲之间新设"门"，在目和属之间新设科，于是形成了流行近两个世纪的界、门、纲、目、科、属、种的七级分类系统。1977 年，乌斯在"界"上面又新增了"域"一级，从而形成了现在通用的八级分类系统。此外，如果有必要的话，在这八个主要的分类层次之间还可以添设中间层次，比如"亚门"就是位于门和纲之间的一个中间层次。

大熊猫和现代人（在分类学上叫"智人"）在这个分类系统中的地位如下：

域	真核生物域	真核生物域
界	动物界	动物界
门	脊索动物门	脊索动物门
亚门	脊椎动物亚门	脊椎动物亚门
纲	哺乳纲	哺乳纲
目	食肉目	灵长目
科	熊科	人科
属	大熊猫属	人属
种	大熊猫	智人

物分类系统，里面把能结种子的植物分为"裸子植物"（种子外面没有果皮保护，如银杏、松柏）和"被子植物"（种子外面有果皮保护，形成果实）两大类，被子植物再分为"单子叶植物"（种子只有1枚叫子叶的结构，如水稻、兰花）和"双子叶植物"（种子通常有2枚子叶，如苹果、柳树）两大类。后来的植物学家对这个分类方法基本没有异议，他们争论的只不过是单子叶植物和双子叶植物谁更古老。即使这样，这两派的争论也很激烈，从20世纪初一直吵到20世纪中叶。后来，越来越多的证据似乎都支持双子叶植物更古老，这一派的学者不禁扬眉吐气，另一派的学者慢慢也就销声匿迹了。

可是，到了20世纪90年代，人们才意识到，被子植物根本就不能简单地分成双子叶植物和单子叶植物，双子叶植物就像原核生物一样是个大杂烩。1998年，一个叫"被子植物系统发育研究组"（英文缩写为APG）的国际研究团队发表了他们主要根据3个基因绘制的被子植物谱系图，里面把双子叶植物一分之

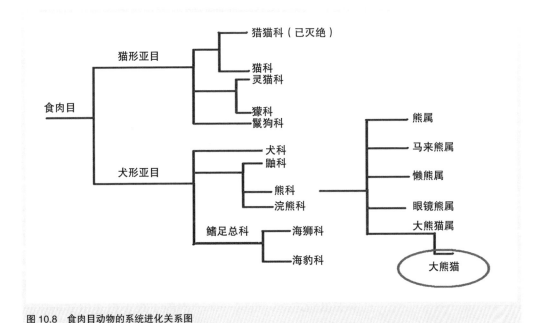

图 10.8　食肉目动物的系统进化关系图

图中所示的食肉目分类系统将广义的熊属分成熊属（狭义）、马来熊属、懒熊属和眼镜熊属四个属，并将它们与大熊猫属并列置于熊科之下。在其他一些分类系统中则仍保留广义熊属。

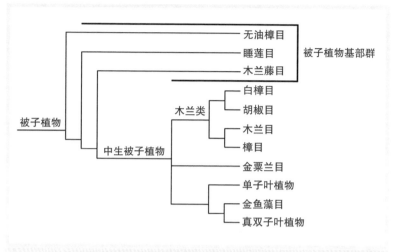

图 10.9　APG 第四版被子植物分类系统简图

由于真双子叶植物种类较多，图中省略了这一类群以下进一步的演化关系。

二，即"木兰类"和"真双子叶植物"。虽然木兰类更接近于被子植物的共同祖先，但是绝不能再看成是双子叶植物了。18 年之后的 2016 年，这个研究组把他们的分类系统更新到了第四版。因为和传统的观点相差太大，至今仍然有许多植物学家抵制这个系统，觉得它简直是胡闹。可是他们不得不承认，如今使用新系统来编写的植物学教科书和工具书，已经越来越多了。

人类的由来

现在，分子生物学已经把生命之树的大部分都重画了一遍，只剩最后一个枝杈了——那就是我们人类所在这个枝杈。

1871 年，已经豁出去了的达尔文，又往西方社会丢下了一枚重磅炸弹。在他的新书《人类的由来及性选择》中，达尔文明白无误地指出，人类属于哺乳动物中的灵长目，它的近亲是几种类人猿。想知道公众是什么反应？那么你可以知道一下这个事实：这本书出版之后，英国一下子出现了很多把达尔文画成猿猴的漫画，即使放在今天，这也是足够引发官司的侮辱！

但是真理不会因为感情上的反对就变成谬误。从那时候开

图 10.10

　　走进人们视野的进化论，永久地打破了人类起源的传统信仰和物种不变的学说，并引发了激烈的争论。《人类在放大的瓶子里》这幅漫画，对此作了形象的描述。图中两位漫画人物，左为拒绝接受进化论的英国古生物学家欧文（R.Owen），右为有"达尔文斗犬"之称的英国生物学家赫胥黎（T.H.Huxley）。引自《彩图世界科技史》（彼得·惠特菲尔德著，科学普及出版社，2006 年）

始，凡是相信科学的人，都不会怀疑人是古猿进化来的——这简直就是幼儿园常识。他们关心的是更深入的问题：几种类人猿中

图 10.11　"一只令人尊敬的红毛猩猩"

　　1871 年达尔文《人类的由来及性选择》出版之后，英国讽刺杂志《大黄蜂》（Hornet）刊登的一幅把达尔文画成红毛猩猩的漫画。

图 10.12　达尔文唐村故居书房一角

　　引自《科学的历程》（吴国盛著，北京大学出版社，2002 年）

图 10.13　阿兰·威尔逊像

（引自维基百科网站）

究竟谁才是人类最近的近亲？人类是在什么时候起源的？在哪里起源的？对这些问题，分子生物学再一次给出了圆满的、然而却是惊世骇俗的回答，这次的回答者是新西兰人类学家阿兰·威尔逊（Allan C. Wilson）。

阿兰·威尔逊其实并不是人类学出身，他的博士论文做的是一个生物化学的题目。毕业之后，这位生物化学博士硬闯进了人类学领域，结果把人类学界也搅得

图 10.14　生机勃勃的世界

（尹传红供图）

天翻地覆。1967 年，威尔逊第一个提出，遗传密码突变的速率应该是恒定不变的，每过一段相同的时间，都会积累相同数目的变异，就像钟表一样准确。如果我们知道了发生一次突变所需要的时间，那么我们就可以知道物种之间是什么时候分道扬镳的了！这就是著名的"分子钟"理论。

图 10.15　多么相似的"笑"

（选自《科学世界》杂志）

　　还用上面举过的那个袋鼠、牛、猴子和人的简单例子来说吧。我们已经通过别的研究知道，袋鼠是这四者里最原始的，所以它的那个以 ATC 为特征的基因应该也是最原始的，也就是说，四者祖先的这个基因也应该和袋鼠一样，以 ATC 为特征。后来，在这个祖先的一些后代里，T 突变成了 G，它们就成了牛、猴子和人的祖先，而和袋鼠的祖先分家了。再后来，在前者的一些后代里，A 又突变成了 C，它们就成了猴子和人的祖先，而和牛的祖先分离了。最后，猴子和人的祖先又发生了分裂，基因里那个 CGC 的特征，在一部分个体里突变成了

Y 染色体亚当

　　就像线粒体只能由母亲传给子女一样，Y 染色体也只能由父亲传给儿子（女儿没有 Y 染色体）。既然全人类的线粒体上溯回去都源于同一位女性祖先，那么所有男性的 Y 染色体上溯回去也应该都源于同一位男性祖先，这位最近的男性祖先就叫做"Y 染色体亚当"（亚当是《圣经》神话中世界上第一个男人的名字，他是夏娃的丈夫）。Y 染色体亚当生活的年代，不同的测定给出了不同的结论，从 6 万年前至 9 万年前不等，但是 Y 染色体亚当比线粒体夏娃要晚是肯定没有问题的。

　　线粒体夏娃和 Y 染色体亚当这两个名字容易让人误以为在当时只有一个女性或一个男性。实际上，在他们生存的年代同样有许多女性和男性，只是所有其他女性的线粒体基因和所有其他男性的 Y 染色体基因都未能流传到今天罢了。这些人的其他染色体基因还是有可能留存下来的，而且每一个基因都可以确定一个新的"全人类始祖"。

CGT，他们就是全人类的始祖。假如我们能确定，对这个基因来说，平均 3 000 万年发生一次突变，那么上面这三次分化就分别发生在大约 9 000 万年、6 000 万年和 3 000 万年前（当然这只是一个示例，并不是真实情况）。

就是用这个分子钟的办法，威尔逊和他的学生在 1975 年发现，黑猩猩是人类最近的近亲，二者的基因序列有 99% 是相同的，二者的祖先都生活在非洲，而且迟至 500 万年前才彼此分开，而不是先前认为的 2 500 万年前（现在这个数据被修正为 700 万年前）。几年之后，威尔逊抛出了一个更猛的结论：对全世界不同族群的线粒体基因的研究表明，所有现代人的线粒体，都是从古代的同一位母亲那里传下来的（之所以是母亲而不是父亲，是因为子女只能从母亲那里得到线粒体），于是威尔逊借用《圣经》神话中世界上第一个女人的名字，把这个全人类最近的一位女性

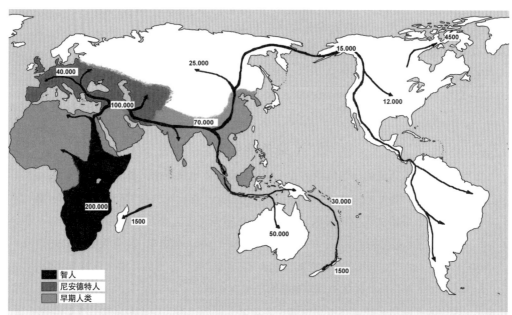

图 10.16　人类的三次"走出非洲"

第一次发生于 180 万年前，走出非洲的早期人类形成了包括爪哇人、北京人在内的各种早期人类化石。

第二次发生于 60 万年前，这次走出非洲的是海德堡人，他们在欧洲和西亚形成尼安德特人，在东亚形成丹尼索瓦人（图上未标明）。

第三次发生于 12 万～7 万年前，现代人（智人）的祖先走出非洲，不仅替代了所有的早期人类，而且散布到了除南极洲之外的所有大陆和较大岛屿之上。

祖先叫做"线粒体夏娃"，而且推测出她应该生活在 15 万年前的非洲。

这个结论意味着什么？要知道，以前几乎所有的人类学家都坚信，各大洲的现代人类都是在本地独立起源的，比如欧洲人的祖先就是尼安德特人（Neanderthal Men），印尼人的祖先就是爪哇人，中国人的祖先就是北京人，等等，而且至少也有几十万年的历史了。可是威尔逊的发现却表明，这些古人类绝不可能是现代人的祖先。至少在 15 万年前，现代人的祖先还在非洲待着呢！

这场对传统观点来说生死攸关的争议，最终当然是以它的逐渐式微而告终。进入 21 世纪，多数人类学家都赞同威尔逊的观点。如今我们已经知道，直到 12 万 ~ 7 万年前，现代人的祖先才决定走出非洲，扩展自己的地盘。他们不可避免地遇到了早已在那里生活的尼安德特人和丹尼索瓦人，虽然彼此之间也发生了少量基因交流（因此非洲以外地区的现代人的身上都有少量尼安德特人的基因，亚洲和大洋洲的一部分居民还有少量丹尼索瓦人的基因），但总的来说，尼安德特人和丹尼索瓦人在现代人祖先和恶劣气候的双重打击之下越来越衰落，最后便消亡了。至于更早的爪哇人和北京人，恐怕还等不到和后来者发生竞争，就已经因为气候条件变差而灭绝了。可惜，威尔逊本人却没能活到这个值得他和同事弹冠相庆的日子，这位基因时代的达尔文，在 1991 年就不幸去世了，年仅 57 岁。

然而威尔逊的思想是不朽的。他和其他所有揭示人类基因奥秘的科学家一起，让我们收回了越来越多毫无根基的骄傲感，不得不谦虚地承认，人类只是地球上数以亿计生命中的普通一员，都是由基因制造的"血肉机器"。

你觉得不可接受吗？但这就是分子生物学对人类思想领域做出的最大贡献。在越来越多基因知识的驱动下，一个被分子生物学在精神和物质两方面都深刻改变的人类社会，在今天已经初具雏形，它最终的成熟，看来也为期不远了。

后 记

坊间以基因为主题的科普作品所在多有，各具不同特色。本书试图以基因概念的演变、分子生物学的理论进展和应用、相关诺贝尔奖获得者的主要工作为主线，通俗地介绍分子生物学诞生近七十年来（尤其是最近四十年）的主要成就，以及基因研究对人类社会方方面面的影响，重点在于历史的梳理和前沿的解析，也对其未来做一定的展望。

当前的分子生物学正在沿纵向和横向同时向前迈进。纵向上在基因调控、蛋白质组学、分子细胞生物学、分子神经生物学等领域不断获得新进展，横向上在物种基因组测序、生物工程、分子医学、分子系统发育等领域斩获更多。自从积极参与人类基因组计划以来，中国的分子生物学研究在这两个方面都有飞速进展，这和国家的大力支持是分不开的。仅以"973 计划"而论，在 2007 年立项的 73 个项目中，生物农医类有 24 项，其中明确涉及分子生物学的就有 16 项；在 2008 年立项的 74 个项目中，生物农医类有 29 项，其中明确涉及分子生物学的有 18 项。分子生物学研究在基础科学研究中的重要地位由此可见一斑。

不过，毋庸讳言，中国分子生物学研究在总体上仍然明显落后于以美国为首的西方国家。特别是在国外，由民间资助的有应用价值的横向分子生物学研究早就独树一帜，但是在中国还未成气候，这与公众和科学家之间的隔阂有很大关系。如果本书能对促进中国分子生物学研究、缩小与西方国家的差距有所帮助，则作者将感到不胜荣幸。

由于生物学是和一般人关系特别密切的一门科学，因此，分子生物学的最新进展常常受到科技记者和专业科普作家的青睐，并经由他们的文章率先为公众所知。本书所介绍的内容，有一些便取材于英国科技记者马特·里德利（Matt Ridley）著、刘菁译《基因组：人种自传 23 章》（北京理工大学出版社，2003 年）。《三联生活周刊》的袁越、曹玲，《牛顿科学世界》的李珊珊所作的科技报道也对本书的写作很有启发。

2010 年本书初版之后，分子生物学领域又有了许多新进展。在全基因组测序的基础之上，功能基因组学迅速发展，成为分子生物学的重点和前沿研究领域。表观遗观学研究愈加热门，加深了人们对基因与环境的理解。分子生物学的应用也更为成熟，出现了 CRISPR/Cas9 等新技术，基因组在疾病治疗、作物起源研究、人类演化研究和刑事侦查学方面也有了更深入的应用。这使得初版部分内容（特别是第六章以后的应用部分）已经多少显得陈旧。在第 2 版中，我们对原稿做了较大修订和扩充，尽量在原来的框架内容纳下这些新内容，使读者能够理解近年来分子生物学的新发展；同时，初版中的一些明显的错误也已得到纠正。

分子生物学是一门博大精深、日新又新的现代科学。本书在介绍的广度和深度上肯定都有欠缺，在具体史实和观点上肯定也有不少纰漏，甚望读者不吝赐教。

著者　谨识